普通高等教育"十二五"规划教材

药物合成反应实验

金英学　谭广慧　李淑英　编

化学工业出版社

·北京·

药物合成反应实验是制药工程专业的重要课程，对培养学生实践创新能力起着至关重要的作用。本书精心选择了有代表性、有典型性的药物合成实验 32 个以及必须掌握的药物合成反应实验一般知识、基本操作和实验技术、常用溶剂的纯化及毒性等内容。

　　本书不仅可作为制药工程专业及相关专业学生的教材，也可作为从事药物合成相关技术人员的参考书。

图书在版编目（CIP）数据

药物合成反应实验/金英学，谭广慧，李淑英编.
北京：化学工业出版社，2014.7(2023.9 重印）
普通高等教育"十二五"规划教材
ISBN 978-7-122-20732-6

Ⅰ．①药…　Ⅱ．①金…　②谭…　③李…　Ⅲ．①药物化学-有机合成-化学实验-高等学校-教材　Ⅳ.
①TQ460.3-33

中国版本图书馆 CIP 数据核字（2014）第 104394 号

责任编辑：赵玉清　马　波　　　　　　　　文字编辑：向　东
责任校对：王　静　　　　　　　　　　　　装帧设计：尹琳琳

出版发行：化学工业出版社（北京市东城区青年湖南街 13 号　邮政编码 100011）
印　　装：北京虎彩文化传播有限公司
710mm×1000mm　1/16　印张 10½　字数 160 千字
2023 年 9 月北京第 1 版第 6 次印刷

购书咨询：010-64518888　　　　　　　　售后服务：010-64518899
网　　址：http://www.cip.com.cn
凡购买本书，如有缺损质量问题，本社销售中心负责调换。

定　　价：32.00 元　　　　　　　　　　　　版权所有　违者必究

前　言

　　药物合成反应实验是制药工程专业的重要课程。制药工程专业是在工程和药学基础上建立的新专业，在办学模式和培养方向等方面还处于探索阶段，还没有突出成功的模式和可以全方位借鉴的经验。教材建设上同样存在很大的差别，在本课程的教学实践中我们感受到迫切需要恰当的教材供实验教学使用，在此背景下我们根据药物合成反应实验教学大纲，结合多年实验教学经验，编写了这本实验教材。

　　本书包括四章。第 1 章为药物合成反应实验一般知识。第 2 章为基本操作和实验技术。第 3 章为实验部分，收集了 32 个实验，每个实验一般安排 4～6 学时，其中有些实验内容是相互关联的，前一个实验产物是下一个实验的原料，目的是引起学生的重视和激发学习兴趣，同时节省实验药品开支。实验内容包含了化学药物合成实验，还有天然物的分离提纯。第 4 章为常用溶剂的纯化及毒性。溶剂是合成反应的重要媒介，了解溶剂的理化性质，掌握溶剂的纯化方法十分重要。附录，主要列出了人名反应的英汉对照表和重要化学试剂的英汉对照表。

　　本书是在哈尔滨师范大学化学化工学院制药工程专业多年教学经验基础上编写的，得到了哈尔滨师范大学教务处的支持和资助，在此一并表示感谢。鉴于作者水平有限，书稿中不妥之处诚恳地欢迎广大使用者指正。

编者

2014 年 2 月

目　　录

第1章　药物合成反应实验一般知识

1.1　实验室规则

　　为了保证实验的正常进行，培养良好的实验习惯，并保证实验室的安全，学生必须严格遵守化学实验室的规则。

　　① 切实做好实验前的准备工作。实验前的准备工作，包括预习、找全所需要的器材。通过预习实验内容，了解本实验所涉及的药品和溶剂的性质，从而在实验中确保做到安全使用。

　　② 进入实验室时，应熟悉实验室环境、灭火器材、急救药箱的放置地点和使用方法。严格遵守实验室的安全守则和每个具体实验操作中的安全注意事项。若发生意外事故，应及时处理并报请老师进一步处理。

　　③ 实验时应遵守纪律，保持安静。要集中精神，认真操作，细致观察，积极思考，忠实记录，不得擅自离开。

　　④ 遵从教师的指导，按照实验教材所规定的步骤、仪器及试剂的规格和用量进行实验。若要更改，须征求教师同意后，才可改变。

　　⑤ 保持实验室的整洁。暂时不用的器材，不要放在实验台上。污水、污物、残渣、火柴梗、废纸、塞芯和玻璃片等应分别放在指定的地点，不得乱丢，更不得丢入水槽；废酸、废碱和废溶剂应分别倒入指定的容器中统一处理。

　　⑥ 爱护公共仪器和工具，应在指定的地点使用，并保持整洁。要节约用水、电、煤气和药品。如有仪器损坏要办理登记换领手续。

　　⑦ 实验完毕离开实验室时，应把水、电和煤气等开关关闭。清洁实验仪器，打扫实验室，清理废物容器。

1.2　实验室安全知识

由于药物合成反应实验所用药品多数是有毒、可燃、有腐蚀性或有爆炸性的，所用的仪器大部分是玻璃制品，所以切忌粗心大意。防止如割伤、烧伤乃至火灾、中毒或爆炸等事故。必须认识到化学实验室是潜在危险的场所，然而，只要重视安全问题，提高警惕，实验时严格遵守操作规程、加强安全措施，事故是可以避免的。下面介绍实验室的安全守则和实验室事故的预防和处理。

1.2.1　实验室的安全守则

① 实验开始前应检查仪器是否完整无损，装置是否正确，在征得指导教师同意之后，才可以进行实验。

② 实验进行时，不得离开岗位，要注意反应进行的情况及装置有无漏气和损坏现象。

③ 当进行有可能发生危险的实验时，要根据实验情况采取必要的安全措施，如戴防护眼镜、面罩或橡胶手套等，但不能戴隐形眼镜。

④ 使用易燃、易爆药品时，应远离火源。实验试剂不得入口。严禁在实验室吸烟或吃食物、饮品。实验结束后要细心洗手。

⑤ 熟悉安全用具如灭火器材、沙箱以及急救药箱的放置地点和使用方法，并妥善保管。安全用具和急救药品不准移作他用。

1.2.2　实验室事故的预防

(1) 火灾的预防　实验室中使用的有机溶剂大多数是易燃的，着火是有机合成实验室常见的事故之一，应尽可能避免使用明火。

① 在操作易燃的溶剂时要特别注意，应远离火源，勿将易燃液体放在敞口容器中（如烧杯）直火加热，加热必须在水浴中进行，切勿使容器密闭。否则，会造成爆炸。当附近有露置的易燃溶剂时，切勿点火。

② 在进行易燃物质试验时，应养成先将酒精一类易燃物质搬开的习惯。

③ 蒸馏装置不能漏气，如发现漏气时，应立即停止加热，检查原因。

若因塞子被腐蚀时，则待冷却后，才能换掉塞子。接收瓶不宜用敞口容器如广口瓶、烧杯等，而应用窄口容器如锥形烧瓶等。从蒸馏装置接收瓶出来的尾气的出口应远离火源，最好用橡皮管引入下水道或室外。

④ 回流或蒸馏低沸点易燃液体时应注意：

a. 应放数粒沸石或素烧瓷片或一端封口的毛细管，以防止暴沸。若在加热后发现未放这类物质时，绝不能急躁，不能立即揭开瓶塞补放，而应停止加热，待被蒸馏的液体冷却后才能加入。否则，会因暴沸而发生事故。

b. 严禁明火加热。

c. 瓶内液量不能超过瓶容积的 2/3。

d. 加热速度宜慢，不能快，避免局部过热。总之，蒸馏或回流易燃低沸点液体时，一定要谨慎从事，不能粗心大意。

⑤ 用油浴加热蒸馏或回流时，必须避免由于冷凝用水溅入热油浴中致使油外溅到热源上而引起火灾的危险。通常发生危险的原因，主要是由于橡皮管套在冷凝管进水或出水口上不紧密、开动水阀过快、水流过猛把橡皮管冲出来，或者由于套不紧漏水。所以，要求橡皮管套入侧管时要紧密，开动水阀也要慢动作，使水流慢慢通入冷凝管内。

⑥ 当处理大量的可燃性液体、挥发性物质时，应在通风橱中或在指定的地方进行，室内应无火源。

⑦ 不得把燃着或者带有火星的火柴梗或纸条等乱抛乱掷，完全熄灭后丢入指定地点。否则，会发生着火或爆炸等危险。

（2）爆炸的预防　在药物合成实验中，一般预防爆炸的措施如下。

① 蒸馏装置必须正确，不能造成封闭体系，应使装置与大气相连通；减压蒸馏时，要用圆底烧瓶做接收器，不可使用锥形烧瓶。否则，易发生破裂。

② 切勿使易燃易爆的气体接近火源，有机溶剂如醚类和汽油一类的蒸气与空气相混时极为危险，可能会由一个热的表面或者一个火花、电花而引起爆炸。

③ 使用乙醚等醚类时，必须检查有无过氧化物存在，如果发现有过氧化物存在时，应立即用硫酸亚铁除去过氧化物。除去乙醚中过氧化物的方法详见第 4 章常用溶剂的纯化及毒性。使用乙醚时应在通风较好的地方

或在通风橱内进行。

④ 对于易爆的固体，如重金属乙炔化物、苦味酸金属盐、三硝基甲苯等都不能重压或撞击，以免引起爆炸，对于这些危险的残渣，必须小心销毁。例如，重金属乙炔化物可用浓盐酸或浓硝酸使它分解，重氮化合物可加水煮使它分解等。

⑤ 卤代烷勿与金属钠接触，因反应剧烈易发生爆炸。钠屑须放于指定的地方。

（3）中毒的预防 ①剧毒药品应妥善保管，不许乱放，实验中所用的剧毒物质应有专人负责发放，并向使用毒物者提出必须遵守操作规程。实验后有毒残渣必须作妥善而有效的处理，不准乱丢。②有些剧毒物质会渗入皮肤，因此，接触这些物质时必须戴橡胶手套，操作后应立即洗手，切勿让毒品沾及五官或伤口。例如，氰化钠沾及伤口后就会随血液循环至全身，严重的会造成中毒死伤事故。③在反应过程中可能生成有毒或有腐蚀性气体的实验应在通风橱内进行，使用后的器皿应及时清洗。在使用通风橱时，实验开始后不要把头伸入橱内。

（4）触电的预防 使用电器时，应防止人体与电器导电部分直接接触，不能用湿手或用手握湿的物体接触电插头。为了防止触电，装置和设备的金属外壳等都应连接地线，实验后应切断电源，再将连接电源插头拔下。

1.2.3 事故的处理和急救

（1）火灾的处理 实验室一旦发生失火，室内全体人员应积极而有序地参加灭火，一般采用如下措施：一方面防止火势扩展，立即关闭煤气灯，熄灭其他火源，拉开室内总电闸，搬开易燃物质；另一方面立即灭火。有机化学实验室灭火，常采用使燃着的物质隔绝空气的办法，通常不能用水。否则，反而会引起更大火灾。在失火初期，不能用口吹，必须使用灭火器、砂、毛毡等。若火势小，可用数层湿布把着火的仪器包裹起来。如在小器皿内（如烧杯或烧瓶内）着火，可盖上石棉板或瓷片等，使之隔绝空气而灭火，绝不能用口吹。

① 如果油类着火，要用砂或灭火器灭火，也可撒上干燥的固体碳酸氢钠粉末。

4

② 如果电器着火，应切断电源，然后才用二氧化碳灭火器或四氯化碳灭火器灭火（注意：四氯化碳气有毒，在空气不流通的地方使用有危险！），因为这些灭火剂不导电，不会使人触电。绝不能用水和泡沫灭火器灭火，因为水能导电，会使人触电甚至死亡。

③ 如果衣服着火，切勿奔跑，而应立即在地上打滚，邻近人员可用毛毡或棉被一类东西盖在其身上，使之隔绝空气而灭火。

总之，当失火时，应根据起火的原因和火场周围的情况，采取不同的方法灭火。无论使用哪一种灭火器材，都应从火的四周开始向中心扑灭，把灭火器的喷出口对准火焰的底部。

(2) 玻璃割伤 玻璃割伤是常见的事故，受伤后要仔细观察伤口有没有玻璃碎粒，如有，应先把伤口处的玻璃碎粒取出。若伤势不重，先进行简单的急救处理，如涂上万花油，再用纱布包扎；若伤口严重流血不止时，可在伤口上部约 10cm 处用纱布扎紧，减慢流血、压迫止血，并随即到医院就诊。

(3) 药品的灼伤 ①酸灼伤：皮肤被酸灼伤时，立即用大量水冲洗，然后用 5％碳酸氢钠溶液洗涤后，涂上油膏，并将伤口包扎好。眼睛被酸灼伤时，抹去溅在眼睛外面的酸，立即用水冲洗，用洗眼杯或将橡皮管套上水龙头用慢水对准眼睛冲洗后，即到医院就诊，或者再用稀碳酸氢钠溶液洗涤，最后滴入少许蓖麻油。衣服被溅上酸时，依次用水、稀氨水和水冲洗。地板溅上酸时，撒上石灰粉，再用水冲洗。②碱灼伤：皮肤被碱灼伤时，先用水冲洗，然后用饱和硼酸溶液或 1％醋酸溶液洗涤，再涂上油膏，并包扎好。眼睛被碱灼伤时，抹去溅在眼睛外面的碱，用水冲洗，再用饱和硼酸溶液洗涤后，滴入蓖麻油。衣服被碱灼伤时，先用水洗，然后用 10％醋酸溶液洗涤，再用氢氧化铵中和多余的醋酸，最后用水冲洗。③溴灼伤：如溴弄到皮肤上时，应立即用水冲洗，涂上甘油，敷上烫伤油膏，将伤处包扎好。如眼睛受到溴的蒸气刺激，暂时不能睁开时，可对着盛有酒精的瓶口注视片刻。

上述各种急救法，仅为暂时减轻疼痛的措施。若伤势较重，在急救之后应速送医院诊治。

(4) 烫伤 轻伤者涂以玉树油或鞣酸油膏，重伤者涂以烫伤油膏后即送医院诊治。

　　（5）中毒　溅入口中而尚未咽下的毒物应立即吐出来，用大量水冲洗口腔；如已吞下时，应根据毒物的性质服解毒剂，并立即送医院急救。

　　① 腐蚀性毒物　对于强酸，先饮大量的水，再服氢氧化铝膏、鸡蛋清；对于强碱，也要先饮大量的水，然后服用醋、酸果汁、鸡蛋白。不论酸或碱中毒都需灌注牛奶，不要吃呕吐剂。

　　② 刺激性及神经性毒物　先服牛奶或鸡蛋白使之缓和，再服用硫酸铜溶液（约 30g 溶于一杯水中）催吐，有时也可以用手指伸入喉部催吐后，立即到医院就诊。

　　③ 吸入气体中毒　将中毒者移至室外，解开衣领及纽扣。吸入少量氯气或溴气者，可用碳酸氢钠溶液漱口。

1.2.4　急救用具

　　（1）消防器材　泡沫灭火器、四氯化碳灭火器（弹）、二氧化碳灭火器、沙、石棉布、毛毡、棉胎和淋浴用的水龙头。

　　（2）急救药箱　碘酒、双氧水、饱和硼酸溶液、1％醋酸溶液、5％碳酸氢钠溶液、70％酒精、玉树油、烫伤药膏、万花油、药用蓖麻油、硼酸膏或凡士林、磺胺药粉、洗眼杯、消毒棉花、纱布、胶布、绷带、剪刀、镊子、橡皮管等。

1.3　合成仪器的装配和洗涤

1.3.1　仪器的装配

　　仪器装配得正确与否，对于实验的成败有很大关系。第一，在装配一套装置时，所选用的玻璃仪器和配件都必须是洁净的，否则往往会影响产物的产量和质量。第二，所选用的器材要恰当。例如，在需要加热的实验中，如需选用圆底烧瓶时，应选用质量好的，其容积大小，应为所盛反应物占其容积的 1/2 左右为好，最多也不应超过 2/3。第三，装配时，应首先选好主要仪器的位置，按照一定的顺序逐个地装配起来，先下后上、从左至右。在拆卸时，按相反的顺序逐个拆卸。

　　仪器装配要求做到严密、正确、整齐和稳妥。在常压下进行反应的装置，应与大气相通，不能密闭。铁夹的双钳内侧有橡皮或绒布，或缠上石棉绳、布条等。否则，容易将仪器损坏。

总之，使用玻璃仪器时，最基本的原则是切忌对玻璃仪器的任何部分施加过度的压力或扭歪，实验装置的马虎不仅看上去使人感觉不舒服，而且也是潜在的危险。因为扭歪的玻璃仪器在加热时会破裂，有时甚至在放置时也会崩裂。

1.3.2　常用玻璃器皿的洗涤和保养

1.3.2.1　玻璃器皿的洗涤

进行化学实验必须使用清洁的玻璃仪器。应该养成实验用过的玻璃器皿立即洗涤的习惯。由于污垢的性质在当时是清楚的，用适当的方法进行洗涤是容易办到的。若时间长了，会增加洗涤的困难。器皿是否清洁的标志是：加水倒置，水顺着器壁流下，内壁被水均匀润湿有一层既薄又均匀的水膜，不挂水珠。

洗涤的一般方法是用水、洗衣粉、去污粉刷洗。刷子是特制的，如瓶刷、烧杯刷、冷凝管刷等，但用腐蚀性洗液时则不用刷子。洗涤玻璃器皿时不应用沙子，它会擦伤玻璃乃至使之龟裂。若难于洗净时，则可根据污垢的性质选用适当的洗液进行洗涤。如果是酸性（或碱性）的污垢用碱性（或酸性）洗液洗涤；有机污垢用碱液或有机溶剂洗涤。下面介绍几种常用洗液。

（1）铬酸洗液　这种洗液氧化性很强，对有机污垢破坏力很强。倾去器皿内的水，慢慢倒入洗液，转动器皿，使洗液充分浸润不干净的器壁，数分钟后把洗液倒回洗液瓶中，用自来水冲洗。若壁上沾有少量碳化残渣，可加入少量洗液，浸泡一段时间后在小火上加热，直至冒出气泡，碳化残渣可被除去。但当洗液颜色变绿，表示失效应该弃去不能倒回洗液瓶中。

（2）盐酸　用浓盐酸可以洗去附着在器壁上的二氧化锰或碳酸盐等污垢。

（3）碱液和合成洗涤剂　配成浓溶液即可。用以洗涤油脂和一些有机物（如有机酸）。

（4）有机溶剂洗涤液　当胶状或焦油状的有机污垢如用上述方法不能

7

洗去时，可选用丙酮、乙醚、苯浸泡，要加盖以免溶剂挥发，或用氢氧化钠的乙醇溶液亦可。用有机溶剂作洗涤剂，使用后可回收重复使用。

若用于精制或有机分析用的器皿，除用上述方法处理外，还需用蒸馏水洗涤。

1.3.2.2　玻璃器皿的干燥

有机化学实验经常都要使用干燥的玻璃仪器，故要养成在每次实验后马上把玻璃仪器洗净和倒置使之干燥的习惯，以便下次实验时使用。干燥玻璃仪器的方法有下列几种。

（1）自然风干　是指把已洗净的仪器在干燥架上自然风干，这是常用和简单的方法。但必须注意，若玻璃仪器洗得不够干净时，水珠便不易流下，干燥就会较为缓慢。

（2）烘干　把玻璃器皿顺序从上层往下层放入烘箱烘干，放入烘箱中干燥的玻璃仪器，一般要求不带有水珠。器皿口向上，带有磨砂口玻璃塞的仪器，必须取出活塞后，才能烘干，烘箱内的温度保持在 $100\sim105℃$，约 0.5h，待烘箱内的温度降至室温时才能取出。切不可把很热的玻璃器皿取出，以免破裂。当烘箱已工作时则不能往上层放入湿的器皿，以免水滴落下使热的器皿骤冷而破裂。

（3）吹干　有时仪器洗涤后需立即使用，可使用吹干，即用气流干燥器或电吹风吹干。首先将水尽量沥干后，加入少量丙酮后摇洗并倾出，先通入冷风吹 $1\sim2min$，待大部分溶剂挥发后，再吹入热风至完全干燥为止，最后吹入冷风使仪器逐渐冷却。

1.3.2.3　常用仪器的保养

有机化学实验常用各种玻璃仪器的性能是不同的，必须掌握它们的性能、保养和洗涤方法，才能正确使用，提高实验效果，避免不必要的损失。下面介绍几种常用的玻璃仪器的保养和清洗方法。

（1）温度计　温度计水银球部位的玻璃很薄，容易破损，使用时要特别小心，一不能用温度计当搅拌棒使用；二不能测定超过温度计的最高度的温度；三不能把温度计长时间放在高温的溶剂中。否则，会使水银球变形读数不准。

温度计用后要让它慢慢冷却，特别在测量高温之后切不可立即用水冲洗。否则，会破裂或水银柱断裂。应悬挂在铁架台上，待冷却后把它洗净抹干，放回温度计盒内，盒底要垫上一小块棉花。如果是纸盒，放回温度计时要检查盒底是否完好。

（2）冷凝管　冷凝管通水后很重，所以安装冷凝管时应将夹子夹在冷凝管的重心的地方，以免翻倒。洗刷冷凝管时要用特制的长毛刷，如用洗涤液或有机溶液洗涤时，则用软木塞塞住一端，不用时，应直立放置使之易干。

冷凝管分为直形冷凝管、空气冷凝管、球形冷凝管和蛇形冷凝管。

（3）蒸馏烧瓶　蒸馏烧瓶的支管容易碰断，故无论在使用时或放置时都要特别注意保护蒸馏烧瓶的支管，支管的熔接处不能直接加热。

其洗涤方法和烧瓶的洗涤方法相同，参阅无机化学实验。

（4）分液漏斗　分液漏斗的活塞和盖子都是磨砂口的，若非原配的可能不严密，所以使用时要注意保护。各个分液漏斗之间也不要相互调换，用后一定要在活塞和盖子的磨砂口间垫上纸片，以免日久难于打开。

（5）砂芯漏斗　砂芯漏斗在使用后应立即用水冲洗，否则难以洗净。滤板不太稠密的漏斗可用强烈的水流冲洗，如果是较稠密的，则用抽滤方法冲洗。必要时用有机溶剂洗涤。

1.4　实验预习、实验记录和实验报告的基本要求

学生在本课程开始时，必须认真地阅读本书第一部分实验的一般知识。在进行每个实验时，必须做好预习、实验记录和实验报告。

（1）预习　为了使实验能够达到预期的效果，在实验之前要做好充分的预习和准备，预习时除了要求反复阅读实验内容，领会实验原理，了解有关实验步骤和注意事项外，还需在实验记录本上写好预习提纲。以制备实验为例预习提纲包括以下内容：

① 实验目的；

② 主反应和重要副反应的反应方程式；

③ 原料、产物和副反应的物理常数，原料用量（单位：g，mL，

mol）及计算的理论产量；

　　④ 正确而清楚地画出装置图；

　　⑤ 用图表形式表示实验步骤。

　　（2）实验记录　实验记录本应该是一装订本，不得用活页纸或散纸。记录本按照下列格式做实验记录：

　　① 空出记录本头几页，留作编目用；

　　② 把记录本编好页码；

　　③ 每做一个实验，应从新的一页开始；

　　④ 若你对实验操作没有变动时，不必再把操作细节记上。但应记录：试剂的规格和用量，仪器的名称、规格、牌号，实验的日期，实验花费的时间，实验现象和数据。对于观察的现象应忠实地详尽地记录，不能虚假。判断记录本内容的标准，是记录必须完整，且组织得好和清楚，不仅自己现在能看懂，甚至几年后也能看懂，而且还使其他人能看得明白。如漏记了主要内容，就将难以补救了。

　　（3）实验报告　实验报告应包括实验的目的要求、反应式、主要试剂的规格、用量（指合成实验）、实验步骤和现象、产率计算、讨论等。要如实记录填写报告，文字要精练，图要准确，讨论要认真。关于实验步骤的描述，不应照抄书上的实验步骤，应该对所做的实验内容作概要的描述。实验报告应包括：

　　① 实验题目；

　　② 实验目的；

　　③ 反应式，主反应，副反应；

　　④ 主要试剂及产物的物理常数；

　　⑤ 仪器装置图；

　　⑥ 实验步骤和现象记录；

　　⑦ 产品外观、重量、产率；

　　⑧ 讨论。

1.5　常用工具书与文献

　　进行化学实验，必须了解反应物和产物的物理常数，以及它们之间的相互关系等，否则就难以进行实验，或只能照方抓药，达不到做实验的目的。因此，学习查阅辞典、手册和参考书是一个重要环节。

1.5.1 工具书（手册、辞典）

好的化学化工医药类工具书，应包含化学化工医药的名词数万条，取材应广泛，查阅方便。对物质的表述详细，包括分子式、结构式、制法、性质、用途（含药效）及参考文献等。

（1）Aldrich 美国 Aldrich 化学试剂公司出版，这是一本化学试剂目录，它收集了 20000 多个化合物。一个化合物作为一个条目，内含相对分子质量、分子式、沸点、折射率、熔点等数据。较复杂的化合物还附有结构式，并给出了该化合物核磁共振谱和红外光谱谱图的出处。书后附有分子式索引，便于查找，还列出了化学实验中常用仪器的名称、图形和规格。每两年出版一本新书。

（2）The Merk Index 该书类似于化工辞典。由美国默克公司（Merck and Co.，Inc.）编辑出版。该书首次出版于 1889 年，到 2006 年已出至第 14 版。最初为 Merck 公司的药品目录，现已成为一本化学药品、药物和生理性物质的综合性的百科全书。第 14 版的《The Merck Index》收集了 10000 多种化合物，其中药物化合物 4000 多种、常见有机化合物和试剂 2000 多种、天然产物 2000 种、元素和无机化合物 1000 种、农用化合物 1000 种。正文按药物名称顺序排列，每一条目包括化合物的各种名称、商品代号、化学结构式、物理常数、性质、用途、毒性、来源及参考文献（首先是化合物制备的文献）等。该索引目前有印刷版、光盘版和网络版三种出版形式。

（3）Hand Book of Chemistry and Physics 1913 年出版第 1 版，至今已有 100 年历史。从 20 世纪 50 年代起，它几乎每年再版一次，到 2013 年已出版了 94 版。1957～1962 年由 Chemical Rubber Publishing Company 出版；1964～1973 年由 The Cbemical Rubber Co 出版。1974～1988 年改由 CRC Press Inc 出版，过去分上、下两册，从 51 版开始变为一册。内容分六个方面：

A 部 数学用表，例如基本数学公式、度量衡的换算等；

B 部 元素和无机化合物；

C部 有机化合物；

D部 普通化学，包括二组分和三组分恒沸点混合物、热力学常数、缓冲溶液的 pH 值等；

E部 普通物理常数；

F部 其他。

在"有机化合物"这部分中辑录了 1979 年国际纯粹和应用化学联合会对化合物的命名原则。这部分的主要内容是列出了 14943 个常见有机化合物的名称、别名和分子式、相对分子质量、颜色、结晶形状、比旋光度和紫外吸收、熔点、沸点、相对密度、折射率、溶解度和参考文献等物理常数。化合物是按照它的英文名称的字母顺序来排列的。

（4）Dictionary of Organic Componds 本书收集了常见的有机化合物近 17000 条，内容有有机化合物的组成、分子式、结构式、来源、性状、物理常数、化合物性质及其衍生物，手性化合物、有机硫、有机磷和天然产物等内容，并给出了制备这个化合物的主要文献资料。各化合物按名称的英文字母顺序排列。该书已有中文译本，名为《汉译海氏有机化合物辞典》。

（5）Beilstein. Handbuchder Organischen Chemie 由世界著名的施普林格出版公司出版的《贝尔斯坦有机化学手册》（以下简称《手册》）是一部查阅有关有机化合物制备及特性的最系统、最全面、最权威的工具书。其前身是 1880 年由化学家 F. K. 贝尔斯坦编的两卷《有机化学手册》，收录了 15000 种有机化合物，受到化学工作者的欢迎，并于 1886 年再版为三卷。以后鉴于有机化学的迅速发展，1900 年他将该项工作转交给德国化学学会。作为连续出版物，目前的第四版从 1918 年开始出版已有 70多年的历史了。整个《手册》是经过精心编纂、反复修改而成的。它收录了近百年来文献中详细报道过的有机化合物，大约有 150 万种，是目前有机化学方面资料收集最为齐全的有机工具书。该书有严格的编排原则，最简单的查阅方法是由分子式索引来查，查阅时先写出该化合物的分子式，式中的元素按下列次序排列：C，H，O，N，Cl，Br，I，F，S，P，Ag…Zr（Ag…Zr 按字母顺序排列）。然后在总分子式索引（包括正编，第一、第二补编的资料）中去找这一分子式，再找这一分子式下的化学名称，在该化合物名称后面，注有它在正编和第一、第二补编中所在的卷数及页数。此外，也可以从主题索引中同样地查到。

1.5.2　参考书

（1）Organic Synthesis　最初由 Adams R 和 Gilman H 主编，后由 Blatt A H 任主编。于 1921 年开始出版，每年一卷。该书主要介绍各种有机化合物的制备方法；也介绍了一些有用的无机试剂制备方法。书中对一些特殊的仪器、装置往往是同时用文字和图形来说明。书中所选实验步骤叙述得非常详细，并有附注介绍作者的经验及注意点。书中每个实验步骤都经过其他人的核对，因此内容成熟可靠，是有机制备的良好参考书。另外，本书每十卷有合订本（Collective Volume），卷末附有分子式、反应类型、化合物类型、主题等索引。

（2）Organic Reactions　由 Adams R 主编。自 1942 年开始出版，期刊并不固定，约为一年半出一卷。该书主要介绍有机化学中有理论价值和实际意义的反应。每个反应都分别由在这方面有一定经验的人来撰写。书中对有机反应的机理、应用范围、反应条件等都作了详尽的讨论，并用图表指出在这个反应的研究工作中作过哪些工作。卷末有以前各卷的作者索引和章节及题目索引。

（3）Reagents for Organic Synthesis　由 Fieser L F 和 Fieser M 编写。这是一本有机合成试剂的全书，书中收集面很广。第一卷于 1967 年出版，其中将 1996 年以前的著名有机试剂都做了介绍。每个试剂按英文名称的字母顺序排列。该书对入选的每个试剂都介绍了化学结构、相对分子质量、物理常数、制备和纯化方法、合成方面的应用等，并提出了主要的原始资料以备进一步查考。每卷卷末附有反应类型、化合物类型、合成目标物、作者和试剂等索引。

（4）Synthetic's Method of Organic Chemistry　由 Finch A F 主编，是一本年鉴。第一卷出版于 1942～1944 年。当时由 Theilheimer 主编，所以现在该书叫《Theilheimer's Method of Organic Chemistry》。每年出一卷。该书收集了生成各种键的较新及较有价值的方法。卷末附有主题索引和分子式索引。

（5）Organic Experiments　1935 年出版，Fieser L F 和 Williamson K L 编，当时书名为《有机化学实验》，这一名称一直沿用到 1941 年的第 2

版，1955 年出版第 3 版。在 1964 年作者对此书的第 3 版进行了修订。由于与原书有较重大的变化，故改用《Organic Experiments》的书名。和前者相比，它增加了不少新的反应和技术，例如，Wittig 反应，苯炔反应，卡宾反应，催化氢化，高温及低温下的二烯合成，薄层色谱和利用笼包络合物的分离等。

1.5.3 期刊杂志

目前世界各国出版的有关化学的期刊杂志有近万种，直接的原始性化学杂志也有上千种，在这里仅介绍有关的主要中外文杂志。

（1）The Journal of the American Chemical Society（美国化学会志） 常缩写为 *J. Am. Chem. Soc.* 或 *JACS*，是美国化学会发行的学术期刊，于 1879 年创刊至今。该期刊涉及化学领域的所有内容。在化学界有极高的声誉，其宗旨是通过发表化学领域最好的论文，来追踪化学领域最前沿的发展，根据 ISI 的统计数据，*JACS* 是化学领域内引用最多的期刊，其影响因子为 9.907（2012 年），网络地址 http://pubs.acs.org/journal/jacsat。

（2）The Journal of Organic Chemistry（有机化学） 期刊常缩写为 *J. Org. Chem.* 或 *JOC*，是由美国化学会发行的有关有机化学的学术期刊。该期刊的影响因子为 4.45（2011 年）。网络地址 http://pubs.acs.org/journal/jacsat。

（3）Tetrahedron（四面体） 由 Elsevier Science 管理，发表具有突出重要性和及时性的实验及理论研究成果。主要是有机化学及其相关领域特别是生物有机化学领域。期刊包含领域为有机合成，有机反应，天然产物化学，机理研究，光谱研究等。影响因子为 2.803（2012 年），网络地址 http://www.sciencedirect.com。

（4）Synthesis（合成化学） 由德国 Thime Chemistry 出版，报道有机合成进展的国际性刊物，主要报道有机合成的综述和论文，包括金属有机和杂原子有机、光化学、药物化学、生物有机、天然产物、有机高分子和材料等。影响因子在 2.0 左右。网络地址 http://www.thieme-chemistry.com。

（5）Organic Letters（有机快报） 美国化学会出版，是提供最新有关有机化学重要研究的简报，包括生物有机、药物化学、天然产物分离、合成新方法、物理和理论有机化学、金属有机化学和材料化学。2011 年影响因子为 5.862，网络地址 http://pubs. acs. org。

（6）中国科学　有中文版与英文版（现名《SCIENCE CHINA》，曾用名《SCIENCE IN CHINA 》，《SCIENTIA SINICA 》等），是中国自然科学基础理论研究领域里权威性的学术刊物，在国内外都有着长期而广泛的影响。是中国科学院主管、中国科学院和国家自然科学基金委员会共同主办的自然科学综合性学术刊物，主要刊载自然科学各领域基础研究和应用研究方面具有创新性的、高水平的、有重要意义的研究成果，由中国科学杂志社出版。2011 年影响因子 2.11。网络地址 http://chem. scichina. com。

（7）化学学报（中国）　中国化学会主办。创刊于 1933 年，原名《中国化学会会志》(Journal of the Chinese Chemical Society)，是我国创刊最早的化学学术期刊，1952 年更名为《化学学报》，并从英文版改成中文版。《化学学报》刊载化学各学科领域基础研究和应用基础研究的原始性、首创性成果，涉及物理化学、无机化学、有机化学、分析化学和高分子化学等。2011 年影响因子 0.533。网络地址 http://sioc-journal. cn。

（8）高等学校化学学报　中国化学会主办，1980 年创刊，月刊。它是化学学科综合性学术期刊，除重点报道我国高校师生创造的研究成果外，还反映我国化学学科其他各方面研究人员的最新研究成果。以研究论文、研究快报和综合评述等栏目集中报道我国高等院校和中国科学院各研究所在化学学科及其相关的交叉学科、新兴学科、边缘学科等领域所开展的基础研究、应用研究和重大开发研究所取得的最新成果。以"新（选题新、发表成果创新性强）、快（编辑出版速度快）、高（刊文学术水平和编辑出版质量高）"为办刊特色，载文学科覆盖面广、信息量大、学术水平高，刊载国家自然科学基金、攀登计划、"八六三"和"九七三"计划资助项目及其他科学基金资助项目成果文章达 95％以上。从 1995 年起被美国科技信息研究所（ISI）数据库和《SCIE》、《RA》、《CCI》、《CC/PC & ES》和《RCI》等出版物收录，从 1999 年起被世界著名的检索刊物《科学引文索引》（SCI）核心选刊收录。2011 年影响因子为 0.929。网络地址 http://www. cjcu. jlu. edu. cn/CN。

（9）有机化学（中国） 中国化学会主办。创刊于1980年，为月刊，主要刊登有机化学领域基础研究和应用基础研究的原始性研究成果，设有综述与进展、研究论文、研究通讯、研究简报、学术动态、研究专题、亮点介绍等栏目。所载论文水平较高，内容涉及国家自然科学基金、攀登计划、"973"项目及其他科学基金资助项目成果。所刊论文被美国《科学引文索引》(SCI) 网络版、美国《化学文摘》(CA)、《俄罗斯文摘杂志》等收录。特别是增加了图文摘要，增大了英文摘要的内容，更有利于《有机化学》在国际上的交流。网络地址 http://sioc-journal. cn/Jwk_yjhx/CN。

（10）Chinese Chemical Letters（中国化学快报简称CCL） 中国化学会主办。英文半月刊。创刊于1990年。该杂志发表化学领域原创性成果，尤其是热门的前沿性研究。在某种程度上，它已成为中国重要的化学文献的一个窗口。2012年影响因子为1.21。网络地址 http://www. imm. ac. cn/ccl. asp。

1.5.4 化学文摘

据报道，目前世界上每年发表的化学、化工文献达几十万篇，如何将如此大量、分散的各种文字的文献加以收集、摘录、分类、整理，使其便于查阅，这是一项十分重要的工作，化学文摘就是处理这种工作的杂志。美国、德国、俄罗斯、日本都有文摘性刊物。其中，美国化学文摘最为重要。在此仅作简单介绍。

美国化学文摘（Chemica Abstracts）简称CA，创刊于1907年。自1962年起每年出两卷。自1967年上半年即67卷开始，每逢单期号刊载生化类内容；而逢双期号刊载大分子类、应化与化工、物化与分析化学类内容。有关有机化学方面的内容几乎都在单期号内（即1，3，5，…，25等）。CA包括两部分内容：①从资料来源刊物上将一篇文章按一定格式缩减为一篇文摘。再按索引词字母顺序编排，或给出该文摘所在的页码或给出它在第一卷栏数及段落。现在发展成一篇文摘占有一条顺序编号。②索引部分，其目的是用最简便、最科学的方法既全又快地找到所需资料的摘要，若有必要再从摘要列出的来源刊物寻找原始文献。CA的优点在于从各方面编制各种索引，使读者省时、全面地找到所需要的资料。因此，掌握各种索引的检索方法是查阅CA的关键。

第 2 章　基本操作
和实验技术

2.1　加热和冷却

2.1.1　加热、热源

实验室常用的热源有煤气、酒精和电能。

为了加速有机化学反应，往往需要加热，从加热方式来看有直接加热和间接加热。在有机实验室里一般不用直接加热。例如，用电热板加热圆底烧瓶会因受热不均匀而损坏，同时由于局部过热，会引起有机物部分分解或因有机物易燃等，所以在实验室安全规则中规定禁止用明火直接加热。

为了保证加热均匀，一般使用热浴间接加热，作为传热的介质有空气、水、有机液体、熔融的盐和金属。根据加热温度、升温的速度等需要，常采用下列手段。

2.1.1.1　空气浴

这是利用热空气间接加热，对于沸点在 80℃以上的液体均可采用。

把容器放在石棉网上加热，这就是最简单的空气浴。但是，受热仍不均匀，故不能用于回流低沸点易燃液体或者减压蒸馏。

2.1.1.2　水浴

当加热的温度不超过 100℃时，最好使用水域加热，水浴为较常用的热浴。但是，必须强调指出，当用到金属钾或钠的操作时，决不能在水上进行。使用水浴时，勿使容器触及水浴壁或其底部。如果加热温度要稍高于 100℃，则可选用适当无机盐类的饱和水溶液作为热浴液，它们的沸点列于表 2-1。

表 2-1　某些无机盐作热浴液

盐　类	饱和水溶液的沸点/℃
NaCl	109
MgSO$_4$	108
KNO$_3$	116
CaCl$_2$	180

由于水浴中的水不断蒸发，适当时要添加热水，使水浴中的水面经常保持稍高于容器内的液面。使用液体热浴时，热浴的液面应略高于容器中的液面。电热多孔恒温水浴，用起来较为方便。

2.1.1.3　油浴

使用温度为 100～250℃，优点是使反应物受热均匀，反应物的温度一般应低于油浴液 20℃左右。常用的油浴液如下。

（1）甘油　可以加热到 140～150℃，温度过高时则会分解。

（2）植物油　如菜油、蓖麻油和花生油等，可以加热到 220℃，常加入 1% 对苯二酚等抗氧化剂，便于久用。若温度过高时会分解，达到闪点时可能燃烧，所以使用时要小心。

（3）石蜡　能加热到 200℃左右，冷到室温时凝成固体，保存方便。

（4）石蜡油　可以加热到 200℃左右，温度稍高并不分解，但较易燃烧。

用石蜡油加热时，要特别小心，防止着火，当油受热冒烟时，应立即停止加热。油浴中应挂一支温度计，可以观察油浴的温度和有无过热现象，便于调节火焰控制温度。油量不能过多，否则受热后有溢出而引起火灾的危险。使用油浴时要极力防止产生可能引起油浴燃烧的因素。

（5）硅油　硅油在 250℃时仍较稳定，透明度好，安全，是目前实验室中较为常用的油浴之一。加热完毕取出反应容器时，仍用铁夹夹住反应容器离开液面悬置片刻，待容器壁上附着的油滴完后，用纸或干布揩干。

2.1.2　冷却

在有机实验室中，有时需采用冷却操作，在一定的低温条件下进行反应、分离、提纯等。例如：

① 某些反应要在特定的低温条件下进行，如重氮化反应一般在 0～

5℃进行；

② 沸点很低的有机物，冷却时可减少损失；

③ 要加速结晶的析出；

④ 高度真空蒸馏装置（加压蒸馏用冷阱）。

冷却剂的选择是根据冷却温度和带走的热量来决定的。

（1）水　因为水价廉和高的热容量，故为常用的冷却剂。但随着季节的不同，其冷却效率变化较大。

（2）冰-水混合物　也是容易得到的冷却剂，可冷至 0～5℃要将冰弄得很碎，效果才好。

（3）冰-盐混合物　通常用冰-食盐混合物，即往碎冰中加入食盐（质量比 3∶1），可冷却至 −5～−18℃。实际操作中按上述质量比把食盐均匀地撒在碎冰上。其他盐类如 5 份 $CaCl_2 \cdot 6H_2O$，碎冰 3.5～4 份，可冷却至 −40～−50℃。若无冰时，可用某些盐类溶于水吸热作为冷却剂使用。冰-盐混合物的质量份及温度见表 2-2。

表 2-2　冰-盐混合物的质量份及温度

盐　名　称	盐的质量份	冰的质量份	温度/℃
六水氯化钙	100	246	−9
	100	123	−21.5
	100	70	−55
	100	81	−40.3
硝酸铵	45	100	−16.8
硝酸钠	50	100	−17.8
溴化钠	66	100	−28

（4）干冰（固体二氧化碳）　可冷却到 −60℃以下，如将干冰加入甲醇或丙酮等适当溶剂中，可冷却至 −78℃。当加入时会猛烈起泡。

（5）液氮　可冷却至 −196℃（77K），用有机溶剂可以调节所需的低温浴浆。液氮和干冰是两种方便而价廉的冷冻剂，这种低温恒温冷浆浴可由一个液态化合物与它的冻结状态混合而成的平衡体系组成。其制法是：在一个清洁的杜瓦瓶中注入纯的液体化合物，其量不超过容积的3/4，在通风良好的通风橱中缓慢地加入新取的液氮，并用一支结实的搅拌棒迅速搅拌，最后制得的冷浆稠度应类似于黏稠的麦芽糖。表 2-3 列出了可方便地制取冷浆浴的物质。

表 2-3　可作低温恒温浴的物质

化合物	冷浆浴的温度/℃
乙酸乙酯	−83.6
丙二酸乙酯	−51.5
对异戊烷	−160.0
乙酸甲酯	−98.0
乙酸乙烯酯	−100.2
乙酸正丁酯	−77

在低于−38℃时，不能使用水银温度计，因为水银会凝固，须使用有机液体低温温度计。低温浴槽，带有机械搅拌，有内冷式和外冷式两种。

2.2　干燥与干燥剂

干燥是指除去附在固体或混杂在液体或气体中的少量水分，也包括除去少量溶剂。所以，干燥是最常用且十分重要的基本操作。

有机化合物的干燥方法，大致有物理方法和化学方法两种。物理方法如冷冻，近年来应用的分子筛脱水。在实验室中常用化学方法，是向液态有机化合物中加入干燥剂。第一类干燥剂，与水结合生成水合物，从而除去液态有机化合物中所含的水分；第二类干燥剂是与水起化学反应，例如：

$$CaCl_2 + 6H_2O \Longrightarrow CaCl_2 \cdot 6H_2O\ （第一类）$$

$$2Na + 2H_2O \Longrightarrow 2NaOH + H_2\ （第二类）$$

2.2.1　液态有机化合物的干燥

2.2.1.1　干燥剂的选择

常用干燥剂的种类很多，选用时必须注意下列几点。

① 液态有机化合物的干燥，通常是将干燥剂加入液态有机化合物中，故所用的干燥剂必须不与该有机化合物发生化学或催化作用。

② 干燥剂应不溶于该液态有机化合物中。

③ 当选用与水结合生成水合物的干燥剂时，必须考虑干燥剂的吸水容量和干燥效能。吸水容量是指单位质量干燥剂吸水量的多少，干燥效能指达

到平衡时液体被干燥的程度。例如，无水硫酸钠可形成 $Na_2SO_4 \cdot 10H_2O$，即 1g Na_2SO_4 最多能吸 1.27g 水，其吸水容量为 1.27。但其水化物的水蒸气压也较大（25℃时为 255.98Pa），故干燥效能差。氯化钙能形成 $CaCl_2 \cdot 6H_2O$，其吸水容量为 0.97，此水化物在 25℃ 水蒸气压为 39.99Pa，故无水氯化钙的吸水容量虽然较小，但干燥效能强，所以干燥操作时应根据除去水分的具体要求而选择合适的干燥剂。通常这类干燥剂形成水合物需要一定的平衡时间，所以，加入干燥剂后必须放置一段时间才能达到脱水效果。

已吸水的干燥剂受热后又会脱水，其蒸气压随着温度的升高而增加，所以，对已干燥的液体在蒸馏之前必须把干燥剂滤去。

2.2.1.2 干燥剂的用量

掌握好干燥剂的用量是很重要的。若用量不足，则不可能达到干燥的目的；若用量太多，则由于干燥剂的吸附而造成液体的损失。以乙醚为例，水在乙醚中的溶解度在室温时为 1%～1.5%，若用无水氯化钙来干燥 100mL 含水的乙醚时，全部转变成 $CaCl_2 \cdot 6H_2O$，其吸水容量为 0.97，也就是说 1g 无水氯化钙大约可吸收 0.97g 水，这样，无水氯化钙的理论用量至少要 1g，而实际上远远超过 1g，这是因为醚层中还有悬浮的微细水滴，其次形成高水化物的时间需要很长，往往不可能达到应有的吸水容量，故实际投入的无水氯化钙的量是大大过量的，常需用 7～10g 无水氯化钙。操作时，一般投入少量干燥剂到液体中，进行振摇，如出现附着器壁或相互黏结时，则说明干燥剂用量不够，应再添加干燥剂；如投入干燥剂后出现水相，必须用吸管把水吸出，然后再添加新的干燥剂。

干燥前，液体呈混浊状，经干燥后变成澄清，这个可简单地作为水分基本除去的标志。一般干燥剂的用量为每 10mL 液体约需 0.5～1g。由于含水量不等、干燥剂质量的差异、干燥剂的颗粒大小和干燥时的温度不同等因素，较难规定具体数量，上述数量仅供参考。

2.2.1.3 常用的干燥剂

（1）无水氯化钙 价廉，吸水后形成 $CaCl \cdot nH_2O$，$n=1$，2，4，6。吸水容量 0.97（按 $CaCl_2 \cdot 6H_2O$ 计算），干燥效能中等，因为作用不快、

平衡速率慢，所以，用无水氯化钙干燥液体时需放置一段时间，并要间歇振荡。氯化钙适用于烃类、醚类化合物干燥；不适用于醇、酚、胺、酰胺、某些醛、酮以及酯有机物的干燥，因为能与它们形成络合物。工业品可能含有氢氧化钙或氧化钙，故不能用来干燥酸类化合物。温度对氯化钙水合物蒸气压的影响见表 2-4。

表 2-4　温度对氯化钙水合物蒸气压的影响

温度/℃	压力/Pa(mmHg)	固　　相
−55	0.0	冰-$CaCl_2 \cdot 6H_2O$
29.2	759.9(5.7)	$CaCl_2 \cdot 6H_2O$-$CaCl_2 \cdot 4H_2O$(β 型)
29.8	922.8(6.9)	$CaCl_2 \cdot 6H_2O$-$CaCl_2 \cdot 4H_2O$(α 型)
38	1053.2(7.9)	$CaCl_2 \cdot 4H_2O$-$CaCl_2 \cdot 4H_2O$

注：760mmHg＝101325Pa，1mmHg＝133.32Pa。

（2）无水硫酸镁　中性，不与有机物和酸性物质起作用，吸水形成 $MgSO_4 \cdot nH_2O$，n＝1，2，3，4，5，6，7。48℃以下形成 $MgSO_4 \cdot 7H_2O$；吸水容量为 1.05，效能中等，可代替氯化钙，还可干燥许多不能用氯化钙干燥的有机化合物，应用范围广，故是一个很好的中性干燥剂。

（3）无水硫酸钠　为中性干燥剂，价廉，吸水容量为 1.27，但干燥速度缓慢，干燥效能差，一般用于有机液体的初步干燥，如燃油再用效能高的干燥剂干燥。

（4）无水硫酸钙　与有机化合物不起化学反应，不溶于有机溶剂中，与水形成相当稳定的水合物，25℃时蒸气压为 0.532Pa，是一种作用快、效能高的干燥剂，唯一的缺点是吸水容量小，常用于第二次干燥（即在无水硫酸镁、无水硫酸钠干燥后作最后干燥之用）。

（5）无水硫酸钾　与水形成 $K_2CO_3 \cdot 2H_2O$，干燥速度慢，吸水容量为 0.2，干燥效能较弱，一般用于水溶性醇和酮的初步干燥，或代替无水硫酸镁，有时代替氢氧化钠干燥胺类化合物。但不适用于酸性物质。

（6）金属钠　醚、烷烃、芳烃和叔胺类有机物用无水氯化钙或硫酸镁等处理后，若仍含有微量的水分时，可加入金属钠（切成薄片或压成丝）除去。但不宜用作醇、酯、酸、卤代烃、酮、醛及某些胺等能与钠起反应或易被还原的有机物的干燥剂。

有机化合物的常用干燥剂列于表 2-5。

表 2-5　各类有机化合物的常用干燥剂

液态有机化合物	适用的干燥剂
醚类、烷烃、芳烃	$CaCl_2$，Na，P_2O_5
醇类	K_2CO_3，$MgSO_4$，Na_2SO_4，CaO
醛类	$MgSO_4$，Na_2SO_4，
酮类	$MgSO_4$，Na_2SO_4，K_2CO_3
酸类	$MgSO_4$，Na_2SO_4
酯类	$MgSO_4$，Na_2SO_4，K_2CO_3
卤代烃	$CaCl_2$，$MgSO_4$，Na_2SO_4，P_2O_5
有机碱类（胺类）	$NaOH$，KOH

（7）分子筛　应用最广的分子筛是沸石分子筛，它是一种含铝硅酸盐的结晶，具有高效能选择性吸附能力，常用的 A 型分子筛有 3A 型、4A型和 5A 型三种。分子筛具有高度选择性吸附性能，是由于其结构形成许多与外部相通的均一微孔，凡是比此孔径小的分子均进入孔道中，而较大者留在孔外，借此以筛分各种分子大小不同的混合物。有机化学实验室常用分子筛吸附乙醚、乙醇和氯仿等有机溶剂中的少量水分；此外，还用于吸附有机反应中生成的水分，效果较好。

在使用分子筛干燥时应注意以下几点：

① 分子筛使用前应活化脱水，温度为 350℃，在常压下烘干 8h；活化温度不超过 600℃。活化后的分子筛待冷至 200℃，应立即取出存于干燥器备用。

② 使用后的分子筛其活性会降低，须再经活化方可使用，活化前须用水蒸气或惰性气体把分子筛中的其他物质替代出来，然后再按①进行处理。

③ 使用分子筛时，介质的 pH 应控制在 5～12。

④ 分子筛宜除去微量水分，倘若水分过多，应先用其他干燥剂去水，然后再用分子筛干燥。分子筛的吸附性能列于表 2-6。

表 2-6　分子筛的吸附性能

类型	孔径/Å	吸附性能	不能吸附的物质
3A	3.2～3.3	氮气，氧气，氢气，水	乙烯，二氧化碳，乙炔等更大的分子
4A	4.2～4.7	甲醇，乙醇，乙腈，三氯甲烷以及被 3A 分子筛吸附的分子	不吸附直径大于此孔径的任何分子
5A	4.9～5.5	C_3～C_{14} 正构烷烃及被 3A，4A 分子筛吸附的物质	$(n\text{-}C_4H_9)_2NH$ 及更大的分子

23

2.2.1.4　液态有机化合物干燥的操作

液态有机化合物的干燥操作一般在干燥的锥形烧瓶内进行。待水分清后，按照条件选定适量的干燥剂投入液体里，塞紧（用金属钠作干燥剂时则例外，此时塞中应插入一个无水氯化钙管，使氢气放空而水汽不致进入），振荡片刻，静置，使所有的水分全被吸取。若干燥剂用量太少，致使部分干燥剂溶解于水时，用吸管吸出水层，再加入新的干燥剂，放置一定时间，至澄清为止。

2.2.2　固体的干燥

从重结晶得到的固体常带水分或有机溶剂，应根据化合物的性质选择适当的方法进行干燥。

2.2.2.1　晾干

晾干是最简便的干燥方法。把要干燥的固体先放在瓷孔漏斗中的滤纸上，或在滤纸上面压干，然后在一张滤纸上面薄薄地摊开，用另一张滤纸覆盖起来，让它在空气中慢慢地晾干。

2.2.2.2　加热干燥

对于热稳定的固体化合物可以放在烘箱内干燥，加热的温度切忌超过该固体的熔点，以免固体变色和分解，如需要则可在真空恒温干燥箱中干燥。

2.2.2.3　红外线干燥

红外线干燥特点是穿透性强，干燥快。

图 2-1　真空干燥器

2.2.2.4　干燥器干燥

对易吸湿，或在较高温度干燥时，会分解或变色的固体化合物可用干燥器干燥。干燥器有普通干燥器和真空干燥器两种。

真空干燥器如图 2-1 所示，其底部放置干燥剂，中间隔一个多孔瓷板，把待干燥的物质放在瓷板上，顶部装有带活塞的玻璃导气管，由此处连接抽气泵，使干燥器压力降低，从而提高了干燥效率。使用真空干燥器前必须试压。试压时用网罩或防爆布盖住干燥器，然后抽真空，关上活塞放置过夜。使用时，必须十分注意，防止万一干燥器炸碎时玻璃碎片飞溅而伤人。解除器内真空时，开动活塞放入空气的速度宜慢不能快，以免吹散被干燥的物质。

2.2.2.5 减压恒温干燥器

减压恒温干燥器也称减压恒温干燥枪。当在烘箱或真空干燥器内干燥效果欠佳时，则要使用减压恒温干燥枪，或简称为干燥枪，见图 2-2。使用时，将盛有样品的小船放在夹层内，连接上盛有 P_2O_5 的曲颈瓶，然后减压至可能的最高真空度时，停止抽气，关闭活塞，加热溶剂（溶剂的沸点切勿超过样品的熔点），回流，令溶剂的蒸气充满夹层的外层，这时，夹层内的样品就在减压恒温情况下被干燥。在干燥过程中，每隔一定时间应抽气保持应有的真空度。

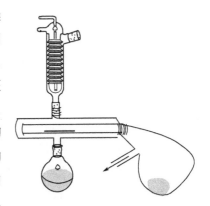

图 2-2　减压恒温干燥枪

2.3　搅拌与搅拌器

搅拌是有机制备实验常用的基本操作。搅拌的目的是为了使反应物混合得更均匀，反应体系的热量更容易散发和传导使反应体系的温度更加均匀，从而有利于反应的进行，特别是非均相反应，搅拌更为必不可少的操作。

搅拌的方法有三种：人工搅拌、机械搅拌和磁力搅拌。简单的、反应时间不长的，而且反应体系中放出的气体是无毒的制备实验可以用前一种方法。比较复杂的、反应时间比较长的，而且反应体系中放出的气体是有毒的制备实验则要用后 2 种方法。

机械搅拌主要包括三个部分：电动机、搅拌棒和搅拌密封装置。电动机的动力部分、固定在支架上。搅拌棒与电动机相连，当接通电源后，电动机就带动搅拌棒转动而进行搅拌，搅拌密封装置是搅拌棒与反应器连接

25

的装置，它可以防止反应器中的争气往外逸。搅拌的效率在很大程度上决定于搅拌棒的结构。

根据反应器的大小、形状、瓶口的大小及反应条件的要求，搅拌棒可以有各种样式。

实验室用的搅拌密封装置一般可以采用简易密封装置，用一段长 2～3cm 弹性好的橡皮管封口。简易封闭装置制作的方法是：在选择好了的塞子中央打一个孔，孔道必须垂直，插入一根长 6～7cm、内径较搅拌棒稍粗的玻璃管，使搅拌棒可以在玻璃管内自由地转动。把橡皮管套于玻璃管的上端，然后由玻璃管下端插入已制好的搅拌棒。这样，橡皮管的上端松松地裹住搅拌棒，棒的搅拌部分接近锥形瓶的底部，但不能相碰。在橡皮管和搅拌棒之间滴入少许甘油起润滑和密封作用。搅拌密封装置有商品供应。

搅拌密封装置还有油密封器（用石蜡油或甘油作填充液）和水银密封器（用水银作填充液，适当地加些石蜡油或甘油，避免在快速搅拌下水银溅出及蒸发），由于水银有毒，尽量少用。

恒温磁力搅拌器，可用于液体恒温搅拌，使用方便、噪声小，搅拌力也强，调速平稳，温度采用电子自动恒温控制。

2.4　熔点的测定

每一种晶体有机化合物都具有一定熔点。其定义为固液态在大气压下成平衡的温度。一种纯化合物从开始熔化至完全熔化的温度范围叫作熔点距，也叫熔点范围或熔程，一般不超过 $0.5℃$，当含有杂质时，会使其熔点下降，且熔点距也较宽。由于大多数有机化合物的熔点一般都在 $300℃$ 以下，较易测定，故测定熔点，可以估计有机化合物的纯度。怎样理解这种性质呢？我们可以从分析物质蒸气压与温度的关系以及相随着时间和温度而变化（见图 2-3 和图 2-4）而知，曲线 ML 表示液相蒸气压与温度有关，由于 SM 的变化大于 ML。两条曲线相交于 M，在交叉点 M 处，固液两相蒸气压一致，固液两相平衡共存，这时候的温度（T）为该物质的熔点（melting point，mp）。当最后一点固体熔化后，继续供应热量就使温度线性上升。这说明纯晶体物质具有敏锐的熔点，要使熔化过程尽可能接近两相平衡状态，在测定熔点过程中，当接近熔点时升温的速度不能快，必须密切注意加热情况，以每分钟上升约1℃为宜。

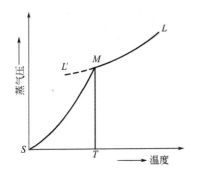

2-3 物质的蒸气压和温度的关系

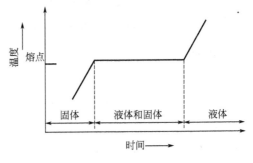

图 2-4 相随着时间和温度而变化

2.5 蒸馏和沸点的测定

当液态物质受热时，由于分子运动使其从液体表面逃逸出来，形成蒸气压，随着温度升高，蒸气压增大，待蒸气压和大气压或所给压力相等时，液体沸腾，这时的温度称为该液体的沸点。每种纯液态有机化合物在一点压力下均具有固定的沸点。利用蒸馏可将沸点相差较大（如相差30℃）的液态混合物分开。所谓蒸馏就是将液态物质加热到沸腾变为蒸气，又将蒸气冷凝为液体这两个过程的联合操作。如蒸馏沸点差别较大的液体时，沸点较低的先蒸出，沸点较高的随后蒸出，不挥发的留在蒸馏器内，这样可达到分离和提纯的目的。故蒸馏为分离和提纯液态有机化合物常用的方法之一，是重要的基本操作，必须熟练掌握。但在蒸馏沸点比较接近的混合物时，各种物质的蒸气将同时蒸出，只不过低沸点的多一些，故难于达到分离和提纯的目的，只好借助于分馏。纯液态有机化合物在蒸馏过程中沸点范围很小（0.5~1℃），所以可以利用蒸馏来测定沸点，用蒸馏法测定沸点叫常量法，此法用量较大，要10mL以上，若样品不多时，可采用微量法。

为了消除在蒸馏过程中的过热现象和保证沸腾的平稳状态，常加入素烧瓷片或者沸石，或一端封口的毛细管，因为它们都能防止加热时的暴沸现象，故把它们叫作止暴剂。

在加热蒸馏前就应该加入止暴剂。当加热后发觉未加入止暴剂或原有止暴剂失效时，千万不能匆忙地投入止暴剂。因为当液体在沸腾时投入止暴剂，将会引起猛烈的暴沸，液体易冲出瓶口，若是易燃的液体，将会引起火灾。所以，应使沸腾的液体冷却至沸点以下后才能加入止暴剂。切记！如蒸馏中途停止，而后来又需要继续蒸馏，也必须在加热前补添新的止暴剂，以免出现暴沸。

蒸馏操作是有机化学实验中常用的实验技术，一般用于下列几方面：

① 分离液体混合物，仅对混合物中各成分的沸点有较大差别时才能达到有效的分离；

② 测定化合物的沸点；

③ 提纯，除去不挥发的杂质；

④ 回收溶剂，或蒸出部分溶剂以浓缩溶液。

2.6　分馏

2.6.1　分馏原理

前面曾叙述普通蒸馏技术，作为分离液态的有机化合物的常用方法，要求其组分的沸点至少相差 30℃，才能用蒸馏法分离。但对沸点相近的化合物，用蒸馏不可能把它们分开，若要获得良好的分离效果，就非得采用分馏不可。

分馏实际上就是使沸腾的混合物蒸气通过分馏柱（工业上用分馏塔）进行一系列的热交换，由于柱外空气的冷却。蒸气中高沸点的组分就被冷却为液体，回流入烧瓶中，故上升的蒸气中含低沸点的组分就相对增加，当冷凝液回流途中遇到上升的蒸气，两者间又进行热交换，上升的蒸气中高沸点的组分又被冷凝，低沸点的组分仍继续上升，易挥发的组分又增加了，如此在分馏柱内反复进行着汽化-冷凝-回流等程序，当分馏柱的效率相当高且操作正确时，在分馏柱顶部出来的蒸气就接近于纯低沸点的组分，这样，最终便可以将沸点不同的物质分离出来。

通过沸点-组成图解，能更好地理解分馏原理。

图 2-5 是苯和甲苯混合物的沸点-组成图。从下面一条曲线可以看出这两个化合物所有混合物的沸点，而上面一条曲线是用 Raoult 定律计算得到的，它指出了在同一温度下和沸腾液相平衡的蒸气相组成。例如，在 90℃ 沸腾的液体是由 58%（摩尔分数）苯、42%（摩尔分数）甲苯组成的（见图 2-5 中 A 点），而与其相平衡的蒸气由 78%（摩尔分数）苯、22%（摩尔分数）甲苯组成的（见图 2-5 中 B 点）。总之，在任意温度下蒸气相总比与其平衡的沸腾液相含有更多的易挥发组分。

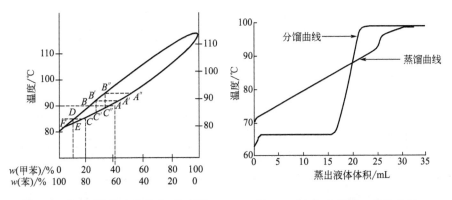

图 2-5　苯和甲苯混合物沸点-组成图　　　图 2-6　甲醇-水蒸馏、分馏曲线

如蒸馏 A 点，最初一小部分馏出液（由蒸气相冷凝）的组成将是 B，B 中苯的含量要比 A 中多得多，相反残留在蒸馏烧瓶的液体中的苯含量降低了，而甲苯的含量增加了，如继续蒸馏，混合物的沸点将继续上升，从 A 到 A' 至 A″等，直接接近或到达甲苯的沸点，而馏出液组成为 B 到 B' 至 B″，直至最终为甲苯。

再将 B 的最初一小部分馏出液进行蒸馏，则其沸点就为 C 点的温度（85℃）；又收集 C 的最初一小部分馏出液，则此馏出液的组成为 D，反复这一操作，从理论上来说可以得到少量的纯苯。收集残留液，反复蒸馏也可以得到少量的纯甲苯，显然这样的处理是极其麻烦和费时的。

采用分馏的分离效果比蒸馏好得多。例如，将 20mL 甲醇和 20mL 水混合物分别进行普通蒸馏和分馏，控制蒸出速度为 1mL/3min，每收集 1mL 馏出液记录温度，以馏出液体积为横坐标，温度为纵坐标，分别得出蒸馏曲线和分馏曲线，如图 2-6 所示，从分馏曲线可以看出，当甲醇蒸出后，温度便很快上升，达到水的沸点，甲醇和水可以得到较好的分开，显然，分馏比只用普通蒸馏（一次）要好得多。

必须指出，当某两种或三种液体以一定比例混合，可组成具有固定沸点的混合物，将这种混合物加热至沸腾时，在气相平衡体系中，气相组成和液相组成一样，故不能使用分馏法将其分离出来，只能得到按一定比例组成的混合物，这种混合物称为共沸混合物或恒沸点混合物，共沸混合物的沸点若低于混合物中任一组分的沸点则称为低共沸混合物，也有高共沸混合物。一些常见的共沸混合物见表 2-7。

表 2-7　一些常见的共沸混合物

共沸混合物	组分的沸点/℃	共沸混合物的质量分数/%	共沸点/℃
乙醇	78.3	95.6	78.17
水	100.0	4.4	
乙酸乙酯	77.2	91	70
水	100.0	9	
乙醇	78.3	16	64.9
四氯化碳	76.5	84	
甲酸	100.7	22.6	107.3
水	100.0	77.4	

具有低共沸混合物的体系如乙醇-水体系，低共沸相图见图 2-7。我们应该能注意到水能与多种物质形成共沸物，所以，化合物在蒸馏前，必须仔细地用干燥剂除水。有关共沸混合物的更全面的数据可从化学手册中查到。

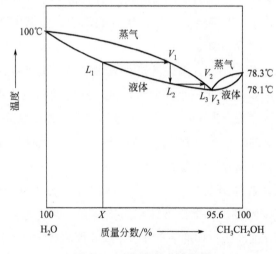

图 2-7　乙醇-水低共沸相图

2.6.2　影响分馏效率的因素

2.6.2.1　理论塔板

分馏柱效率是用理论塔板来衡量的。分馏柱中混合物，经过一次汽化和冷凝的热力学平衡过程，相当于一次普通蒸馏所达到的理论浓缩效率，当分馏柱达到这一浓缩效率时，那么分馏柱就具有一块理论塔板。柱的理论塔板数越多，分离效果越好。分离一个理想的二组分混合物所需的理论塔板数与两个组分的沸点差之间关系见表 2-8。其次还需要考虑理论板层高度，在高度相同的分馏柱中，理论塔板层高度越小，则柱的分离效率越高。

表 2-8　二组分的沸点差与分离所需的理论塔板数

沸点差值/℃	108	72	54	43	36	20	10	7	4	2
分离所需的理论塔板数	1	2	3	4	5	10	20	30	50	100

2.6.2.2　回流比

分馏在单位时间内，由柱顶冷凝返回柱中的液体的数量与蒸出量之比称为回流比，若全回流中每 10 滴收集 1 滴馏出液，则回流比是 9∶1。对于非常精密的蒸馏，使用高效率的分馏柱，回流比可以达到 100∶1。

2.6.2.3　柱的保温

许多分馏柱必须进行适当的保温，以便始终维持温度平衡。

为了提高分馏柱的效率，在分馏柱内装入具有大表面积的填料，填料之间应保留一定的空隙，要遵守适当紧密且均匀的原则，这样就可以增加回流液体和上升蒸气的接触机会。填料有玻璃（玻璃珠、短玻璃管）或金属（不锈钢棉、金属丝烧成固定形状），玻璃的优点是不会与有机化合物起反应。而金属则可以与卤代烷之类的化合物起反应。在分馏柱底部往往放一些玻璃丝以防止填料落入蒸馏容器中。

2.7　减压蒸馏

某些沸点较高的有机化合物在加热还未达到沸点时往往发生分解或氧

化的现象，所以不能用常压蒸馏，而使用减压蒸馏便可避免这种现象。因为当蒸馏系统内的压力减小后，其沸点便降低，许多有机化合物的沸点当压力降低到 1.3～2.0kPa(10～15mmHg) 时，可以比其常压下的沸点降低 80～100℃。因此，减压蒸馏亦对分离或者提纯沸点较高或性质比较不稳定的液体有机化合物具有特别重要的意义。所以减压蒸馏也是分离提纯液态有机物常用的方法。

在进行减压蒸馏前，应先从文献中查阅该化合物在所选择的压力下的相应沸点，如果文献中缺乏此数据，可用下述经验规律大致推算，以供参考。当蒸馏在 1333～1999Pa(10～15mmHg) 下进行时，压力每相差 133.3Pa(1mmHg)，沸点相差约 1℃；也可以用图 2-8 压力-温度关系图来查找，即从某一压力下的沸点便可近似地推测出另外压力下沸点。例如：水杨酸乙酯常压下的沸点为 234℃，减压至 1999Pa(15mmHg) 时，沸点为多少度？可在图 2-8 中 B 线上找到 234℃ 的点，再在 C 线上找到 1999Pa(15mmHg) 时，然后通过两点连一直线，该直线与 A 线的交点为 113℃，即水杨酸乙酯在 1999Pa(15mmHg) 时的沸点，约为 113℃。

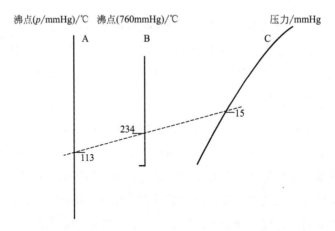

图 2-8　液体在常压下沸点与减压下沸点近似关系图

一般把压力范围划分为几个等级：

“粗”真空 [1.333～100kPa(10～760mmHg)]，一般可用水泵获得。

“次高”真空 [0.133～133.3Pa(0.001～1mmHg)]，可用油泵获得。

“高”真空 [<0.133Pa(<10^{-3}mmHg)]，可用扩散泵获得。

减压蒸馏装置，其主要仪器设备为双颈蒸馏烧瓶、接收器、吸收装置、测压计、安全瓶和减压泵。

（1）双颈蒸馏烧瓶　主要优点是可以减少液体沸腾时由于暴沸或者泡沫的发生而溅入蒸馏烧瓶支管现象。为了平稳地蒸馏避免液体产生暴沸溅跳现象，可在减压蒸馏瓶中插入一根末端拉成毛细管的玻璃管，毛细管口距瓶约 1～2mm。毛细管口要细，检查毛细管口的方法是，将毛细管插入小试管的乙醚内，用洗耳球在玻璃管口轻轻一压，若毛细管能冒出一连串的细小气泡，仿如一条细线，即可使用。如果冒气，表示毛细管闭塞了，不能用。玻璃管另一端拉细一些或在玻璃口套上一段橡皮管，用螺旋夹夹住橡皮管，用于调节进入瓶中的空气量。否则将会引入大量空气，达不到减压蒸馏的目的。

（2）接收器　蒸馏少量物质或者 150℃ 以上物质时，可用蒸馏烧瓶接收器（切勿用三口烧瓶）；蒸馏 150℃ 以下物质时，接收器前应连接冷凝管冷却。如果蒸馏不能中断或要分段接收馏出液时，则要采用多头接液管。

（3）吸收装置　其作用是吸收对真空泵有损害的各种气体或蒸气，借以保护减压蒸馏设备。吸收装置一般由下述几个部分组成：

① 捕集管　用来冷凝水蒸气和一些易挥发性物质，捕集管外用冰-盐混合物冷却；

② 硅胶（或者无水氯化钙）干燥塔　用来吸收经冷却阱后还未除净的残余水蒸气；

③ 氢氧化钠吸收塔　用来吸收酸性蒸气；

④ 石蜡片干燥塔　用来吸收烃类气体。

若蒸气中含有碱性蒸气或有机溶剂蒸气的话，则要增加碱性蒸气吸收塔和有机溶剂蒸气吸收塔。

（4）测压计　测压计的作用是指示减压蒸馏系统内压，通常采用水银测压法，如图 2-9 所示。在厚玻璃管内盛水银，管背后装

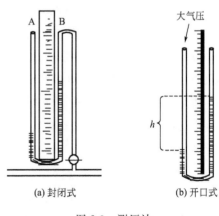

图 2-9　测压计

有移动标尺，移动标尺将零度调整在接近活塞一边玻璃管 B 中的水印平面处，当减压泵工作时，A 管泵柱下降，B 管泵柱上升，两者之差，表明系统的压力。使用时必须注意勿使水或脏物侵入测压计内，水银柱中也不得有小气泡存在。否则，将影响测定压力准确性。

① 封闭式水银测压计　优点是轻巧方便，但如有残留空气，或引入了水和杂质时候，则准确度受到影响。这种测压计装入汞时候要严格控制不让空气进入，方法：先将纯净汞放入小圆底烧瓶内，然后与测压计连接，用高效油泵抽空至 13.33Pa（0.1mmHg）以下，并轻拍小烧瓶，使汞内的气泡溢出，用电吹风机微热玻璃管使气体抽出，然后把汞注入 U 形管，停止抽气，放入大气即成。

② 开口式水银测压计　装汞方便，比较准确，所用玻璃管的长度需超过 760mm，U 形管两臂汞柱高度之差即为大气压力与系统之差，因此，蒸馏系统内实际压力应为大气压力减去这一汞柱之差。

（5）安全瓶　一般用吸滤瓶，壁厚耐压。安全瓶与减压瓶和测压计相连，活塞用来调节压力及放气。

（6）减压泵（抽气泵）　在有机化学实验室中通常使用的减压泵有水泵和油泵两种，若不需要很低的压力时用水泵，如果水泵的构造好且水压又高时，其抽空效率可达 1067～3333Pa（8～25mmHg）。水泵所能抽到的最低压力，理论上相当于当时水温下水蒸气压力。例如，水温在 25℃、20℃、10℃时水蒸气压力分别为 3192Pa、2394Pa、1197Pa（24mmHg、18mmHg、9mmHg）。用水泵抽气时，应为水泵前装上安全瓶，以防水压下降时，水流倒吸。停止蒸馏要先放气，然后关水泵。

若要较低压力，那就要用油泵，好的油泵应能抽到 133.3Pa（1mmHg）以下。油泵的好坏决定于其机械结构和油的质量。使用油泵时必须把它保护好，如果蒸馏挥发性较大的有机溶剂时，有机溶剂被油吸收，结果增加了蒸气压，从而降低了抽空效能；如果是酸性蒸气，那就会腐蚀油泵；如果是水蒸气就会形成油乳浊液而损坏真空油。因此，使用油泵时必须注意下列几点：

① 在蒸馏系统和油泵之间，必须装有吸收装置；

② 蒸馏前必须先用水泵彻底抽去系统中有机溶剂的蒸气；

③ 如能用水泵抽气，则尽量使用水泵，如蒸馏物中含有大量挥发性

杂质，可先用水泵减压抽出，然后改用油泵。

减压系统必须保持密封不漏气，所有的橡胶塞的大小和孔道要十分合适，橡胶管要用真空用的橡胶管。磨口玻璃塞涂上真空脂。

目前实验室用旋转蒸发仪来进行减压蒸馏，优点是由于蒸发器的不断旋转，蒸发面大，加快了蒸发速度，同时由于可以不加沸石蒸发而不会暴沸。

减压蒸馏操作的步骤如下：

① 先检查系统能否达到所需要的压力，检查方法为：首先关闭安全瓶上的活塞及旋紧双颈蒸馏烧瓶上毛细管的螺旋夹子，然后用泵抽气。观察能否达到要求压力（如果仪器装置紧密不漏气，系统内的真空情况应能保持良好），然后慢慢旋开安全瓶上活塞，放入空气，直到内外压力相等为止。

② 加入需要蒸馏的液体于双颈蒸馏烧瓶中，不得超过容积的1/2，关好安全瓶上的活塞，开动抽气泵，调节毛细管导入空气量，以能冒出一连串小气泡为宜。

③ 当达到所要求的低压时，且压力稳定后，便开始加热，热浴的温度一般较液体的沸点高出 $20 \sim 30 ℃$ 左右。液体沸腾时候，应调节热源，经常注意测压计，如有不符，则应进行调节，蒸馏速度以 $0.5 \sim 1$ 滴/s 为宜，待达到所需沸点时候，更换接收器，继续蒸馏。

④ 蒸馏完毕后，除去热源，慢慢旋开夹在毛细管上的橡胶管的螺旋夹，并慢慢打开安全瓶上的活塞，平衡内外压力，使测压计的水银柱缓慢地恢复原状，然后关闭抽气泵。此处应注意两点：第一，打开螺旋夹和安全瓶均不能太快，否则水银柱会很快上升，有冲破测压计的可能；第二，必须待内外压力平衡后，才可以关闭抽气泵，以免油气泵中油反向吸入干燥塔。最后按安装的反程序拆除仪器。

在减压蒸馏过程中，务必戴上护眼眼镜。

2.8 水蒸气蒸馏

水蒸气蒸馏是用来分离和提纯液态或固态有机化合物的一种方法，常用在下列几种情况：

① 某些沸点高的有机化合物，在常压蒸馏虽可与副产品分离，但易被破坏；

② 混合物中含有大量树脂状杂质或不挥发性杂质，采用蒸馏、萃取等方法都难于分离的；

③ 从较多固体反应物中分离出被吸附的液体。

被提纯物质必须具备以下几个条件：

① 不溶或难溶于水；

② 共沸腾下与水不发生化学反应；

③ 在 100℃左右时，必须具有一定的蒸气压 [至少 666.5～1333Pa(5～10mmHg)]。

当有机物与水一起共热时，整个系统的蒸气压根据分压定律，应为各组分蒸气压之和。即 $p = p(H_2O) + p_A$。

式中，p 为总蒸气压；$p(H_2O)$ 为水蒸气压；p_A 为与水不相溶物质或难溶物质的蒸气压。

当总蒸气压（p）与大气压力相等时，则液体沸腾。显然，混合物的沸点低于任何一个组分的沸点，即有机物可在比其沸点低得多的温度，而且在低于 100℃的温度下随蒸气一起蒸馏出来，这样的操作叫做水蒸气蒸馏。例如在制备苯胺时（苯胺的 bp 为 184.4℃），将水蒸气通入含苯胺的反应混合物中，当温度达到 98.4℃时，苯胺的蒸气压为 5652.5Pa，水的蒸气压 95427.5Pa，两者总和接近大气压力，于是，混合物沸腾，苯胺就随水蒸气一起被蒸馏出来。

伴随水蒸气蒸馏出的有机物和水，两者的质量比 $[m_A/m(H_2O)]$ 等于两者的分压 $[p_A$ 和 $p(H_2O)]$ 分别和两者的相对分子质量（M_A 和 M_{18}）的乘积之比，因此在馏出液中有机物同水的质量比可按下式计算：

$$\frac{m_A}{m(H_2O)} = \frac{M_A p_A}{18 p(H_2O)}$$

例如：

$p(H_2O) = 95427.5Pa$，$p(C_6H_5NH_2) = 5652.5Pa$，$M(H_2O) = 18$，$M(C_6H_5NH_2) = 93$

代入上式

$$\frac{m(C_6H_5NH_2)}{m(H_2O)} = \frac{5652.5 \times 93}{95427.5 \times 18} = 0.31$$

所以馏出液中苯胺的质量分数为

$$\frac{0.31}{1+0.31}\times100\%=23.7\%$$

这个数值为理论值，因为实验时有相当一部分水蒸气来不及与被蒸馏物作充分接触便离开蒸馏烧瓶，同时，苯胺微溶于水，所以实验蒸出的水量往往超过计算值，故计算值仅为近似值。又例如，用水蒸气蒸馏1-辛醇和水的混合物，1-辛醇的沸点为195.0℃，1-辛醇与水的混合物在99.4℃沸腾，纯水在99.4℃时的蒸气压约为98952Pa，在此温度下1-辛醇的蒸气压约为2128Pa，1-辛醇的相对分子质量为130，在馏出液中1-辛醇与水的质量比为

$$\frac{m_A}{m(H_2O)}=\frac{2128\times130}{98952\times18}=0.155$$

即每蒸出0.155g 1-辛醇，便伴随蒸出1g水，因此，馏出液中水的质量分数为87%，1-辛醇的质量分数为13%。

2.9　萃取

萃取也是分离和提纯有机化合物常用的操作之一。通常被萃取的是固态或液态的物质。从液体中萃取常用分液漏斗，分液漏斗的使用是基本操作之一。

萃取的原理是，设溶液由有机化合物 X 溶解于溶剂 A 而成，现如要从其中萃取 X，我们可选择一种对 X 溶解度极好，而与溶剂 A 不相混溶和不起化学反应的溶剂 B。把溶液放入分液漏斗中，加入溶剂 B，充分振荡。静置后，由于 A 与 B 不相混溶，故分成两层。此时 X 在 A、B 两相间的浓度比，在一定温度下，为一常数，叫作分配系数，以 K 表示，这种关系叫作分配定律。用公式来表示：

$$\frac{X\text{在溶剂 A 中的浓度}}{X\text{在溶剂 B 中的浓度}}=K$$

注意：分配定律是假定所选用的溶剂 B，不与 X 起化学反应时才适用的。

依照分配定律，要节省溶剂而提高提取的效率，用一定量的溶剂一次加入溶液中萃取，则不如把这个量的溶剂分成几份作多次来萃取好。同一

分量的溶剂，分多次用少量溶剂来萃取，其效率要比一次用全量溶剂来萃取高。

2.10　重结晶提纯法

从有机化学反应分离出来的固体粗产物往往含有未反应的原料、副产物及杂质，必须加以分离纯化。提纯固体有机物最常用的方法之一就是重结晶，其原理是利用混合物中各组分在某种溶剂中的溶解度不同，或在同一溶剂中不同温度的溶解度不同，而使它们相互分离。

重结晶提纯法的一般过程为：

选择溶剂→溶解固体→除去杂质→晶体析出→晶体的收集与洗涤→晶体的干燥

2.10.1　溶剂选择

选择适宜的溶剂是重结晶法的关键之一。适宜的溶剂应符合下述条件：

① 与被提纯的有机物不起化学反应；

② 对杂质的溶解度应很大（杂质留在母液不随被提纯物的晶体析出，以便分离）或很小（趁热过滤除去杂质）；

③ 对被提纯的有机物不起化学反应；

④ 能得到较好的结晶；

⑤ 溶剂的沸点适中，若过低时，溶解度改变不大，难分离，且操作较难，过高时，附着于晶体表面的溶剂不易除去；

⑥ 价廉易得，毒性低，回收率高，操作安全。

在选择溶剂时应根据"相似相溶"的一般原理。溶质往往易溶于结构与其相似的溶剂中。一般来说，极性的溶剂溶解极性固体，非极性溶剂溶解非极性固体。具体可查阅有关手册 [Stephen H，et al. Solubilities of Inoranic and Oraganic Compounds（1963）]。从中可查某化合物在各种溶剂中不同温度的溶解度。然而，在实际工作中往往需通过试验来选择溶剂，溶解度试验法如下：

取 0.1g 待重结晶的固体置于一小试管中，用滴管逐滴加入溶剂，并不断振荡，待加入的溶剂约为 1mL 后，若晶体全部溶解或大部分溶解，则此溶剂的溶解度太大，不适宜作重结晶溶剂；若晶体不溶解或者大部分不溶解但加热至沸腾（沸点低于 100℃的，则应水浴加热）时完全溶解，冷却析出大量晶体，这种溶剂一般可认为合用；若样品不全溶于 1mL 沸腾的溶剂中时，则可逐次添加溶剂，每次约加 0.5mL 并加热至沸腾，若加入的溶剂总量达 3~4mL 时，样品在沸腾的溶剂中仍不溶解，表示这种溶剂不合用。反之，若样品能溶解在 3~4mL 沸腾的溶剂中，则将它冷却，观察有没有结晶析出，还可用玻璃棒摩擦试管壁或用冰水冷却，以促使结晶析出，若仍未析出结晶，则这种溶剂也不适用；若有结晶析出，则以结晶析出多少来选择溶剂。

按照上述方法逐一试验不同的溶剂时，也可采取混合溶剂，混合溶剂一般由两种能以任何比例互溶的溶剂组合成，其中一种对被提纯物质的溶解度较大，而另一种则对被提纯物的溶解度较小。一般常用的混合溶剂有乙醇-水、乙醇-乙醚、乙醇-丙酮、乙醚-石油醚、苯-石油醚等。常用溶剂的物理性质见表 2-9。

表 2-9　常用溶剂的物理性质

溶剂名称	沸点/℃	相对密度	极性	溶剂	沸点/℃	相对密度	极性
水	100	1.000	大	环己烷	80.8	0.78	小
甲醇	64.7	0.792	大	苯	80.1	0.88	小
95%乙醇	78.1	0.804	大	甲苯	110.6	0.867	小
丙酮	56.2	0.791	中	二氯甲烷	40.8	1.325	中
乙醚	34.5	0.741	小~中	四氯化碳	76.5	1.594	小
石油醚	30~60	0.68~0.72	小	乙酸乙酯	77.1℃	0.901	中
	60~90	0.68~0.72	小				

2.10.2　固体物质的溶解

将待重结晶的粗产物放入锥形瓶中（因为它的瓶口较窄，溶剂不易挥发，又便于振荡），加入比计算量略少的溶剂，加热到沸腾，若仍有固体未溶解，则在保持沸腾下逐渐添加溶剂至固体恰好溶解，最后再加 20% 的溶剂将溶液稀释，否则再热过滤时，由于溶剂的挥发和温度的下降导致溶解度降低而析出结晶，但如果溶剂过量太多，则难以析出结晶，需将溶剂蒸出。

在溶解过程中，有时会出现油珠状物，这对物质的纯化很不利，因为杂质会伴随析出，并夹带少量溶剂，故应尽量避免这种现象的发生，可从以下几个方面：

① 所选用的溶剂的沸点应低于溶质的熔点；

② 低熔点物质进行重结晶，如不能选出沸点较低的溶剂时，则应在比熔点低的温度下溶解固体。

如用低沸点易燃有机溶剂重结晶时，必须按照安全操作规程进行，不可粗心大意！有机溶剂往往不是易燃的就是具有一定毒性，或者两者兼备，因此容器应选用锥形瓶或圆底烧瓶，装上回流冷凝管。严禁在石棉网上直接加热，根据溶剂沸点的高低，选用热浴。

用混合溶剂重结晶时，一般先用适量溶解度较大的溶剂，加热使样品溶解，溶液若有颜色则用活性炭脱色，趁热过滤除去不溶杂质，将滤液加热至接近沸点的情况下，慢慢滴加溶解度较小的热溶剂至刚好出现浑浊，加热浑浊不消失时，再小心地滴加溶解度较大的溶剂直至溶液变清，放置结晶。若已知两种溶剂的某一定比例适用于重结晶，可事先配好混合溶剂，按单一溶剂重结晶方法进行。

2.10.3　杂质的除去

（1）趁热过滤　溶液中如有不溶性杂质时，应趁热过滤，要防止在过滤中，由于温度降低而在滤纸上析出结晶。为了保持滤液的温度使过滤操作尽快完成，一是选用颈短、径粗的玻璃漏斗；二是使用折叠滤纸（菊花形滤纸）；三是使用热水漏斗。

把短颈玻璃漏斗置于热水漏斗套里，套的两壁间充注水，若溶剂是水，可预先加热热水漏斗的侧管或边加热边过滤，如果是易燃有机溶剂则务必在过滤时熄灭火焰。然后在漏斗上放入折叠滤纸，用少量溶剂润湿滤纸，避免干滤纸在过滤时因吸附溶剂而使结晶析出。滤液用锥形烧瓶接收（用水溶剂时方用烧杯），漏斗颈紧贴瓶壁，将过滤的溶液沿玻璃棒小心倒入漏斗中，并用表面皿盖在漏斗上，以减少溶剂的挥发。过滤完毕，用少量溶剂冲洗一下滤纸，若滤纸上析出的结晶较多时，可小心地将结晶刮回锥形烧瓶中，用少量溶剂溶解后再过滤。

（2）活性炭处理　若溶液有颜色或存在某些树脂状物质、悬浮状微粒难于一般过滤除去时，则要用活性炭处理，活性炭对水溶液脱色好，对非极性溶液脱色效果较差。使用活性炭时，不能向正在沸腾溶液中加入活性炭，以免溶液暴沸而溅出。一般来说，应使溶液稍冷后再加入活性炭较为安全。活性炭的用量视杂质的多少和颜色的深浅而定，由于它也会吸附部分产物，一般用量不宜较大。一般为固体产物的 1‰～5‰。加入活性炭后，在不断搅拌下煮沸 5～10min，然后趁热过滤；如一次脱色不好，可用少量活性炭再处理一次。过滤后如发现滤液中有活性炭时，应予重新过滤，必要时使用双层滤纸。

2.10.4 晶体析出

结晶过程中，如晶体颗粒太小，虽然晶体包含的杂质少，但却由于表面积大而吸附杂质多；而颗粒大则在晶体中夹杂母液，难以干燥。因此，应将滤液静置，使其缓慢冷却，不要急冷和剧烈搅拌，以免晶体过细；当发现大晶体正在形成时，轻轻摇动使之形成均匀的小晶体。为使结晶更完全，可用冰水冷却。

如果溶液冷却后仍不结晶，可投"晶种"或用玻璃棒摩擦器壁引发晶体形成。

如果被纯化的物质不析出晶体而析出油状物，其原因之一是热的饱和溶液的温度比被提纯物质的熔点高或者接近。油状物中含杂质较多，可重新加热溶液至清液后，让其自然冷却至开始有油状物质时，立即剧烈搅拌使油状物分散，也可搅拌至油状物消失。

如果结晶不成功，通常必须用其他方法（色谱法、离子交换树脂法）提纯。

2.10.5 晶体的收集和洗涤

把结晶从母液中分离出来，通常用抽气过滤（或称减压过滤）。使用瓷质的布氏漏斗，布氏漏斗以橡胶塞与抽滤瓶相连，漏斗下端斜口正对抽滤瓶支管，抽滤瓶支管套上橡皮管，与安全瓶连接，再与水泵相连。在布氏漏斗中铺一张比漏斗底部略小的圆形滤纸，过滤前先用溶剂润湿滤纸，打开水泵，关闭安全瓶活塞，抽气，使滤纸紧紧贴在漏斗上，将要过滤的混合物倒入布氏漏斗中，使固体物质均匀分布在整个滤纸面上，用少量滤液将黏附在容器壁上的结晶洗出，继续抽气，并用玻璃钉挤压晶体，尽量除去母液。当布氏漏斗下端不再滴出溶剂时，慢慢旋开安全瓶活塞，关闭气泵，滤得的固体习惯称为滤饼。为了除去结晶表面的母液，应洗涤滤饼。用少量干净溶剂均匀洒在滤饼上，并用玻璃棒或刮刀轻轻翻动晶体，使全部结晶刚好被溶剂浸润（注意不要使滤纸松动），打开气泵，关闭安全瓶活塞，抽去溶剂，重复操作两次，就可把滤饼洗净。

2.10.6　晶体的干燥

用重结晶法纯化后的晶体，其表面还吸附有少量溶剂，应根据所用溶剂及结晶的性质选择恰当的方法进行干燥。

2.11　色谱法

色谱法是分离、提纯和鉴定有机化合物的重要方法，有着广泛的用途。色谱法首次成功是植物色素的分离，将色素溶液流经装有吸收剂的柱子，结果在柱的不同高度显示出各种色带，从而使色素混合物得到分离，因此早期称之为色谱分析，现在一般称为色谱法。常用的色谱方法有液相柱色谱法、纸色谱法、薄层色谱法和气相色谱法等。

色谱法是一种物理的分离方法，其原理是利用混合物中各个成分物理和化学性质的差别，当选择某一个条件使各个成分流过支持剂或吸收剂时，各成分可由于其性质的不同得到分离。色谱法能否获得满意的分离效果其关键在于条件选择。

色谱法的分离效果远比分馏、重结晶等一般方法好。近年来，这一方法在化学、生物学等中得到了普遍应用，它帮助解决了像天然色素、蛋白质、氨基酸、生物代谢产物、激素和稀土元素等的分离和分析。

2.11.1　柱色谱法

柱色谱法是化合物在液相和固相之间的分配，属于固-液吸附层析。液体样品从柱顶加入，流经吸附柱时，即被吸附在柱的上端，然后从柱顶加入洗脱溶剂冲洗，由于固定相对各组分吸附能力不同，以不同速度沿柱下移，形成若干色带。再用溶剂洗脱，吸附能力最弱的组分，随溶剂首先流出，分别收集各组分，再逐个鉴定。若各组分是有色物质，则在柱上可以直接看到色带，若是无色物质，可用紫外光照射，有些物质呈现荧光以利检查。

2.11.1.1 吸附剂

常用的吸附剂有氧化铝、硅胶、氧化镁、碳酸钙和活性炭等。选择吸附剂的首要条件是与被吸附物及展开剂均无化学作用。吸附能力与颗粒大小有关，颗粒太粗，流速快、分离效果不好；颗粒太细，则流速慢。色谱用的氧化铝可分为酸性、中性和碱性三种。酸性氧化铝是用1％盐酸浸泡后，用蒸馏水洗至悬浮液 pH 值为 4～4.5，用于分离酸性物质，应用最广；碱性氧化铝 pH 值为 9～10，用于分离生物碱等。

吸附剂的活性与其含水量有关（表 2-10），含水量越低，活性越高。氧化铝的活性分五级，其含水量分别为 0、3％、6％、10％、15％。将氧化铝放在高温炉（300～400℃）烘 3h，得无水物。加入不同量水分，得不同程度活性氧化铝，一般常用为Ⅱ～Ⅲ级。硅胶也可用上法处理。

表 2-10　吸附剂的活性与含水量的关系

活 性 级 别	Ⅰ	Ⅱ	Ⅲ	Ⅳ	Ⅴ
氧化铝含水量/％	0	3	6	10	15
硅胶含水量/％	0	5	15	25	38

化合物的吸附能力与分子极性有关，分子极性越大，吸附能力越强，分子中所含极性较大的基团，其吸附能力也较强，具有下列极性基团的化合物，其吸附能力按下列排列次序递增。

$$Cl^-, Br^-, I^- < \diagup\!\!\diagdown\!\!\diagup < -OCH_3 < -CO_2R < -CHO < -SH$$
$$< -NH_2 < -OH < -COOH$$

2.11.1.2 溶剂

吸附剂的吸附能力与吸附剂和溶剂的性质有关，选择溶剂时还应考虑到被分离物各组分的极性和溶解度，非极性化合物用非极性溶剂。现将分离样品溶于非极性溶剂中，从柱顶注入柱中，然后用稍有极性的溶剂使谱带显色，再用极性更大的溶剂洗脱被吸附的物质。为了提高溶剂的洗脱能力，也可用混合溶剂洗提。溶剂的洗脱能力按下列次序递增：己烷、四氯化碳、甲苯、苯、二氯甲烷、氯仿、乙醚、乙酸乙酯、丙酮、丙醇、乙醇、甲醇、水。

经洗脱出的溶液，可以用后述的纸色谱法、薄层色谱法或气相色谱法进一步检定各部分的成分。

2.11.1.3　装柱

色谱柱的大小，视处理量而定，柱的长度与直径之比，一般为 1∶10～1∶20。固定相用量与分离物质的量比约为 1∶50～100。先将玻璃管洗净干燥，柱底铺一层玻璃棉或脱脂棉，再铺一层约 0.5cm 厚的海石砂，然后将氧化铝装入管内，必须装填均匀，严格排出空气，吸附剂不能有裂缝。装填方法有湿法和干法两种：湿法是先将溶剂装入管内，再将氧化铝和溶剂调成浆状，慢慢倒入管中，将管子下端活塞打开，使溶剂流出，吸附剂渐渐下沉，加完氧化铝后，继续让溶剂流出，至氧化铝沉淀不变为止；干法是在管的上端放一漏斗，将氧化铝均匀装入管内，轻敲玻璃管，使之填装均匀，然后加入溶剂，至氧化铝全部润湿，氧化铝的高度为管长的 3/4。氧化铝顶部盖一层约 0.5cm 厚的砂子。敲打柱子，使氧化铝顶端和砂子上层保持水平。先用纯溶剂洗柱，再将要分离的物质加入，溶液流经柱后，流速保持在 1～2 滴/s，可由柱下的活塞控制。最后用溶剂洗脱，整个过程都应有溶剂覆盖吸附剂。

2.11.1.4　实验（以胡萝卜素的分离为例）

胡萝卜素存在于胡萝卜根、南瓜、橘属植物的果皮中，一般绿叶中也广泛分布，有 α、β、γ 三种异构体共存，但 β-胡萝卜素含量高，β-胡萝卜素可被转化为 2 分子维生素 A，故称为维生素 A 源。

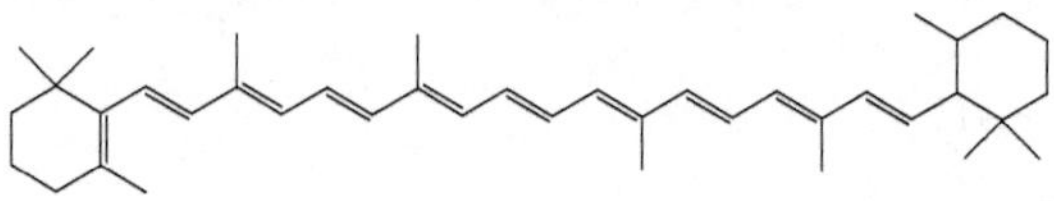

β-胡萝卜素

番茄素存在于番茄、柿子、西瓜、胡萝卜等中。

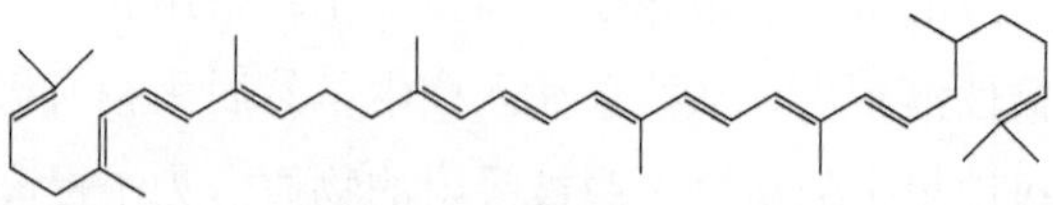

番茄素

44

（1）仪器及试剂　50mL 酸式滴定管或色谱柱。层析硅胶（80～100目）40g，新鲜胡萝卜 5g，丙酮（AR）30mL，石油醚（bp 30～60℃）20mL，石油醚（bp 60～90℃）150mL。

（2）含胡萝卜素石油醚溶液的制备　称取 5g 捣烂的胡萝卜，放在50mL 锥形烧瓶中，重复萃取 2 次，每次用丙酮 10mL。最后用石油醚（bp 30～60℃）萃取固体 2 次，每次用 10mL。把石油醚溶液加到丙酮溶液中。在分液漏斗中将混合物与 50mL 饱和氯化钠溶液振荡，分出有机层，用蒸馏水洗涤 2 次，每次 50mL，分去水，用无水硫酸钠干燥石油醚溶液（约 1h），把混合物倒入 125mL 圆底烧瓶中，热水浴加热蒸馏，除去溶剂，得固体物 4mg。在制得的固体物中加入 3mL 石油醚（bp 60～90℃）拌硅胶 1g，在通风橱内抽干溶剂，得黄色硅胶颗粒，待上柱。

（3）装柱和分离　取 20cm×1cm 色谱柱一根或用 50mL 酸式滴定管一支作色谱柱，垂直安置，以 50mL 锥形烧瓶作洗脱液的接收器。

用镊子取少许脱脂棉（或玻璃棉）放于干净的色谱柱底部，轻轻塞紧，再在脱脂棉上盖一层厚 0.5cm 的海石砂（或用一张比柱内径略小的滤纸代替），关闭活塞，向柱内倒入石油醚（bp 60～90℃）至约为柱高的3/4 处，打开活塞，控制流出速度为 1 滴/s。通过一干燥的玻璃漏斗慢慢加入层析硅胶，或将层析硅胶用石油醚先调成糊状，再徐徐倒入柱中，用洗耳球或带橡皮塞的玻璃棒轻轻敲打柱身，使填装紧密。如用酸式滴定管，气泡难以排出可用洗耳球从柱顶加压使气泡排出。当装柱到 3/4 时，再在上面加一层 0.5cm 厚的海石砂，操作时一直保持上述流速，注意不能使液面低于砂子的上层。当溶剂面流至离海石砂面 1cm 时，立即从玻璃漏斗加入已制备好的含胡萝卜素的黄色硅胶，随后用 0.5mL 石油醚洗下管壁的硅胶，如此连续 2～3 次，直至洗净为止。然后在色谱柱上装上滴液漏斗，用石油醚（bp 60～90℃）作洗脱剂进行洗脱，洗速 1 滴/s。当有一黄色的谱带分出，待黄色组分绝大部分洗出时，把洗脱剂换成10%丙酮和 90%石油醚（bp 60～90℃）混合液作洗脱液进行洗脱，控制流出速度如前（这混合洗脱剂将有助于混合物中极性较大的组分移动），又可分出两个黄色组分。在 45～90min 内，柱中的物料将全部洗脱出来。观察这些物料通过柱子的移动情况。在锥形烧瓶中收集 3 份洗出液，对各段洗出液进行薄层色谱分析。

也可用绿色叶类蔬菜作为实验材料，但要注意由于品种不同，地域关系，被分离出的物质有些差别。

2.11.2　纸色谱法

纸色谱法是以滤纸作为载体，让样品溶液在纸上达到分离的目的。

纸色谱法的原理比较复杂，主要是分配过程，纸色谱的溶剂是由有机溶剂和水组成的，当有机溶剂和水部分溶解时，即有两种可能，一相是以水饱和的有机溶剂相，另一相是以有机溶剂饱和的水相。纸色谱用滤纸作为载体，因为纤维和水有较大的亲和力，对有机溶剂则较差。水相为固定相，有机相（被谁饱和）为流动相，成为展开剂，展开剂如常用的丁醇-水，这是指用水饱和的丁醇。正如正丁醇-醋酸-水的体积比是 4∶1∶5，按它们的比例用量，放在分液漏斗中，充分振荡混合，放置，待分层后，取上层正丁醇溶液作为展开剂。在滤纸的一定部位点上样品，当有机相沿滤纸流动经过原点时，即在滤纸上的水和流动相间连续发生多次分配，结果在流动相中具有较大溶解度的物质随溶剂移动的速度较快，而在水中溶解度较大的物质随溶剂移动的速度较慢，这样便能把混合物分开。

通常用比移值（R_f）表示物质移动的相对距离。

$$R_f = \frac{溶质移动的距离}{溶液移动的距离}$$

各种物质的 R_f 值随要分离化合物的结构、滤纸的种类、溶剂、温度等不同而异。但在上述条件固定的情况下，R_f 对每一种化合物来说是一个特定数值。所以纸色谱是一种简便的微量分析方法，它可以用来鉴定不同的化合物，还用于物质的分离及定量测定。

因为许多化合物是无色的，在层析后，需要在纸上喷某种显色剂，使化合物显色以确定移动距离。不同物质所用的显色剂是不同的，如氨基酸用茚三酮，生物碱用碘蒸气，有机酸用溴酚蓝等。除用化学方法外，也有用物理方法或生物方法来检定的。

滤纸应厚薄均匀，能吸附一定量的水，可用新华 1 号，切成纸条，大小可以自由选择，一般为 3cm×20cm，5cm×30cm 或 8cm×50cm 等。

2.11.2.1　点样

在滤纸的一端 2～3cm 处用铅笔画记号，必须注意，整个过程不得用手接触纸条中部，因为皮肤表面黏着的脏物碰到滤纸时会出现错误的斑点，用直尺（如干净塑料尺）将滤纸条对折，剪好悬挂该纸条用的小孔。

2.11.2.2 展开

用带小钩的玻璃棒钩住滤纸，使滤纸条下端浸入展开剂中约 1cm，展开剂则在滤纸上上升，样品中组分随之而展开，待展开剂上升至终点线时，取出纸条，晒干，显色，测量斑点中心与起点的距离，求出比移值。

上面介绍的仅为上升法中的一种方法，还有下降法和双向色谱法，需要时请参阅其他书刊。

2.11.2.3 层析用纸

纸上色谱用的滤纸，对其质地、纯度及机械强度都有严格要求，实质上是高级滤纸。如 Whatman 1 号和新华 1～6 型，国产新华牌层析用滤纸的型号及性能见表 2-11。作一般分析时可用新华 2 号层析滤纸，若样品较多时可用新华 5 号厚滤纸。

表 2-11　国产新华牌层析用滤纸的型号及性能

型　　号	标重/(g/m²)	厚度/mm	吸水性(30min 内水上升高度)/mm	灰分/%	性　　能
1	90	0.17	150～120	0.08	快速
2	90	0.16	120～91	0.08	中速
3	90	0.15	90～60	0.08	慢速
4	180	0.34	151～121	0.08	快速
5	180	0.32	120～190	0.08	中速
6	180	0.32	90～60	0.08	慢速

2.11.3　薄层色谱法

薄层色谱法（Thin Layer Chromatography，TLC）是快速分离和定性少量物质的一种很重要的实验技术，也用于跟踪反应进程。最典型的是在玻璃板上均匀铺上一薄层吸附剂制成薄层板，用毛细管将样品溶液点在起点处，把此薄层板置于盛有溶剂的容器中，待溶剂到达前沿处取出，晾干，显色，测定色斑的位置。由于色谱分离是在薄层板上进行，故称为薄层色谱。

2.11.3.1　吸附剂

最常用于 TLC 的吸附剂为硅胶和氧化铝。

（1）硅胶　常用的商品薄层色谱用的硅胶为：

硅胶 H——不含黏合剂和其他添加剂的层析用硅胶；

硅胶 G——含煅烧过的石膏（$CaSO_4 \cdot \frac{1}{2}H_2O$）作黏合剂的层析用硅胶，标记 G 代表石膏（gypsum）；

硅胶 HF_{254}——含荧光物质层析用硅胶，可用于 254nm 紫外灯下观察荧光；

硅胶 GF_{254}——含煅烧石膏、荧光物质的层析用硅胶。

（2）氧化铝　与硅胶相似，商品氧化铝也有 Al_2O_3-G，Al_2O_3-HF_{254}，Al_2O_3-GF_{254}。关于硅胶、氧化铝作为吸附剂的性能见表 2-10，其中常用的为氧化铝 G 和硅胶 G。

2.11.3.2　薄层板的制备和活化

（1）制备薄层载片　如是新的玻璃板（厚约 2.5mm），切割成 150mm× 30mm×2.5mm 或 100mm×30mm×2.5mm 的载玻片，水洗，干燥。如果重新使用的载玻片，要用洗衣粉和水洗涤，用水淋洗，先用 50％甲醇溶液淋洗，让载玻片完全干燥。取用时应用手指接触载玻片的边缘，因为指印污染载玻片的表面，将使吸附剂难于铺在载玻片上。

硬质塑料膜也可作为载玻片。

（2）制备浆料

① 容器　高型烧杯或带螺旋盖的广口瓶。

② 操作　制浆料的要求要均匀，不带团块，黏稠适当。为此，应将吸附剂慢慢地加至溶剂中，边加边搅拌。如果将溶剂加至吸附剂中常常会出现团块。加料毕，剧烈搅拌，最好用广口瓶，旋紧盖子，将瓶剧烈摇动，保证充分混合。

一般 1g 硅胶 G 需要 0.5％羧甲基纤维素钠（CMC）清液 3～4mL 或约 3mL 氯仿；1g 氧化铝 G 需要 0.5％ CMC 清液约 2mL。

不同性质的吸附剂用溶剂量不同，应根据实际情况适当予以增减。

按照上述规格的载玻片，每块约用 1g 硅胶 G。薄层厚度为 0.25～

1mm，厚度尽量均匀。否则，在展开时溶剂前沿不齐。用浆料铺层常采取下列三种方法。

a. 平铺法：可用自制的涂层器铺层。将洗净的几块载玻片在涂层器中间摆好，上下两边各加一块比前者厚 0.25～1mm 的玻璃板，将浆料倒入涂布器的槽中，然后将涂布器自左向右推去即可将浆料均匀地铺在载玻片上。若无涂布器，也可将浆料倒入左边的玻璃板上，然后用边缘光滑的不锈钢格尺或玻璃片将浆料自左向右刮平，即得一定厚度的薄层。

b. 倾注法：将调好的浆料倒在玻璃板上，用手左右摇晃，使表面均匀光滑（必要时可于平台处让一端触台面另一端轻轻跌落数次并互换位置）。然后，把薄层板放于已矫正平面的平板上阴干。

c. 浸涂法：将载玻片浸入盛有浆料的容器中，浆料高度约为载玻片长度的 5/6，使载玻片涂上一层均匀的吸附剂。在带有螺旋盖的瓶子中盛满浆料 [1g 硅胶 G 需要 3mL 氯仿，或需要 3mL 氯仿-乙醇混合物（体积比为 2∶1），在不断搅拌下慢慢将硅胶加入氯仿中，盖紧，用力振摇，使之成为均匀的糊状]，选取大小一致的载玻片紧贴在一起，两块同时浸涂。因为浆料放置时会沉积，故浸涂前均应将其剧烈振摇。用拇指和食指捏住载玻片上端缓慢、均匀地将载玻片浸入浆料中，取出后多余的浆料任其自动滴下，直至大部分溶剂已蒸发后将两块分开，放在水平台上阴干。

若浆料太稠，涂层可能太厚，甚至不均匀；若浆料稀薄，则可能使涂层过薄。若出现上述两种情况，需调整黏合度。要掌握铺层技术，反复实践是必要的。

薄层板的活化温度，硅胶板于 105～110℃烘 30min，氧化铝板于 150～160℃烘 4h，可得Ⅲ～Ⅳ活性级的薄层，活化后的薄层板放在干燥器内保存备用。

2.11.3.3　点样

在距薄层板底端 8～10mm 处，画一条线作为起点线。用毛细管吸取样品溶液（一般以氯仿、丙酮、甲醇、乙醇、苯、乙醚或四氯化碳等作为溶剂配成 1％溶液），垂直地轻轻接触到薄层板的起点上。如溶液太稀，一次点样不够，第一次点样干后再点第二次、第三次；多次点样时，每次点样都应点在同一圆心上。点的次数依样品溶液浓度而定，一般为 2～5

次。若样品量太少时，有的成分不易显出；若样品量太多时易造成斑点过大，互相交叉或拖尾，不能得到很好的分离。点样后的斑点直径以扩散成 1～2mm 圆点为度。若为多处点样时，则点样间距为 1～1.5cm。

2.11.3.4　展开

薄层板的展开需要在密闭的容器中进行。先将选择的展开剂放在层析缸中，使层析缸内空气饱和 5～10min，再将点好样品的薄层板放入层析缸中进行展开。点样的位置必须在展开剂液面之上。当展开剂上升到薄层前沿（离顶端 5～10mm 处）或各组分已明显分开时，取出薄层板放平晾干，用铅笔或小针画出前沿的位置后即可显色。根据 R_f 值的不同对各组分进行鉴定。

2.11.3.5　显色

展开完毕，取出薄层板，划出前沿线，如果化合物本身有颜色，就可直接观察它的斑点；如果本身无色，可先在紫外灯下观察有无荧光斑点，用小针在薄层板上划出斑点的位置；也可在溶剂蒸发前用显色剂喷雾显色。不同类型的化合物需选用不同的显色剂。凡可用于纸色谱的显色剂都可用于薄层色谱，薄层色谱还可以使用氧化性的显色剂如浓硫酸。对于未知样品显色剂是否会合适，可先取样品溶液一滴，点在滤纸上，然后滴加显色剂，观察有否色点产生；也可将薄层板除去溶剂后放在含有少量碘的密闭容器中来检查色点，许多化合物都能和碘呈黄棕色斑点。但当碘蒸气挥发后，棕色斑点即易消失，所以显色后，应立即用铅笔或小针标出斑点的位置，计算出 R_f 值。

一些常用显色剂见表 2-12。

表 2-12　一些常用的显色剂示例

显　色　剂	配 制 方 法	能检出对象
浓硫酸	10%硫酸	大多数有机物在加热后显出黑色斑点
碘蒸气	将薄层板放入缸内被碘蒸气饱和数分钟	很多有机物显示黄棕色
碘的氯仿溶液	0.5%碘的氯仿溶液	很多有机物显示黄棕色

显 色 剂	配 制 方 法	能检出对象
磷钼酸乙醇溶液	5%磷钼酸乙醇溶液,喷后120℃烘干,还原性物质显蓝色,氨熏,背景变为无色	还原性物质显示蓝色
铁氰化钾-三氯化铁试剂	1%铁氰化钾、2%三氯化铁使用前等量混合	还原性物质显示蓝色,再喷2mol/L盐酸,蓝色加深,适用于酚、胺、还原性物质
四氯邻苯二甲酸酐	2%溶液,溶剂:丙酮-氯仿(体积比10:1)	芳烃
硝酸铈铵	6%硝酸铈铵的2mol/L硝酸溶液	薄层板在105℃烘5min之后,喷显色剂,多元醇在黄色底色上有棕黄色斑点
香兰素-硫酸	3g香兰素溶于100mL乙醇中,再加入0.5mL浓硫酸	高级醇及酮呈绿色
茚三酮	0.3g茚三酮溶于100mL乙醇,喷后,110℃加热至斑点出现	氨基酸、胺、氨基糖

2.11.3.6 薄层色谱分析鉴定的应用

(1) 反式顺式偶氮苯的鉴定 偶氮苯的常见形式是反式异构体,反式异构体在紫外光或日光照射下,有一部分转化为不稳定的顺式异构体。

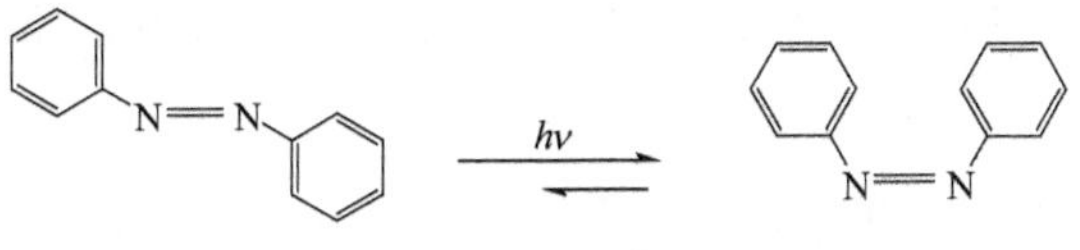

反式偶氮苯 顺式偶氮苯

生成的混合物组成与使用的光的波长有关,当波长为315nm的光照射偶氮苯溶液时,获得95%以上热力学不稳定的顺式异构体,反式偶氮苯用日光照射,也可获得稍高于50%的顺式偶氮苯。

① 光异构化 取0.1g反式偶氮苯溶于5mL无水苯中,将此溶液放于两个小试管中,其中一支试管放在太阳光下照射1h或置于紫光灯(波长为365nm)下照射0.5h进行光异构化反应;另一支试管用黑纸包好避

51

免光线照射，将两者进行比较。

② 异构体的分离鉴定　取管口平整的毛细管吸取光照后的偶氮苯溶液，在离薄层板（硅胶板）一端 1cm 起点线处点样，再用另一毛细管吸取未经光照的反式偶氮苯溶液在起点处点样，两个样点之间的距离为 1cm。待样点干燥后放在盛有 15mL 3:1（或 8:1）的环己烷-苯（也可用 9:3 的环己烷-甲苯）作展开剂的棕色（或用黑纸包裹）广口瓶中展开（应使薄层板与水平成 45°角，点样端深入展开剂约 0.5cm），待展开剂上行离板上端约 1cm 处时取出薄层板（大约需要 20min），立即记下展开剂前沿的位置。晒干后观察，经光照后的偶氮苯有两个黄色斑点，判断哪个斑点是顺式、哪个斑点是反式，并计算其 R_f 值。

薄层色谱法的应用还见于生物碱的提取部分。

(2) 胡萝卜素的分析

① 试剂　柱色谱分离有色物质的丙酮-石油醚溶液。

② 薄层板的制备　取 7.5cm×2.5cm 左右的载玻片 5 片，洗净，晒干。

在 50mL 烧杯中放置 3g 硅胶 G，逐渐加入 0.5% CMC 水溶液 8mL，调成均匀的糊状，将此糊状物倾于上述洁净的载玻片上，用手将带浆的载玻片在玻璃板上或水平的桌面上做上下轻微的颤动，并不时转动方向，制成厚薄均匀、表面光洁平整的薄层板，涂好硅胶 G 的薄层板置于水平的桌面上，在室温放置晒干后，放入烘箱中，缓慢升温至 110℃，恒温 0.5h，取出，稍冷后置于干燥器中备用。

③ 点样　取 3 块用上述方法制好的薄层板，分别在距一端点 1cm 处用铅笔轻轻划一横线作为起始线。取管口平整的毛细管插入样品溶液中，在一块板的起点线上点第一个色带的有色物样品，根据柱色谱分析的色带，依次点样，如果样点的颜色较浅，可重复点样，重复点样前必须待前次样点挥干后进行。样点直径不应超过 2mm。

④ 展开　用 1:9 的丙酮-石油醚（60~90℃）溶液为展开剂，待样点干燥后，小心地放入已加入展开剂的 250mL 广口瓶中进行展开。瓶的内壁贴一张高 5cm、环绕周长约 4/5 的滤纸，下面浸入展开剂中，以使容

器内被展开剂蒸气饱和。点样一端浸入展开剂 0.5cm（样点不浸泡在展开剂中）。盖好瓶塞，观察展开剂前沿上升至离板的上端 1cm 处取出，尽快用铅笔在展开剂上升的前沿处划一记号，晒干后，量出展开剂和样点移动的距离，计算 R_f 值，三个样点的 R_f 值分别为 0.48、0.26 和 0.15。比较由柱色谱分离出的几个色带是否为同一物质，同一个色带中是否为单一物质。

第3章 实验部分

3.1 乙酰苯胺的制备

【实验目的】

了解酰化反应及酰化剂的特点，掌握重结晶方法。

【实验原理】

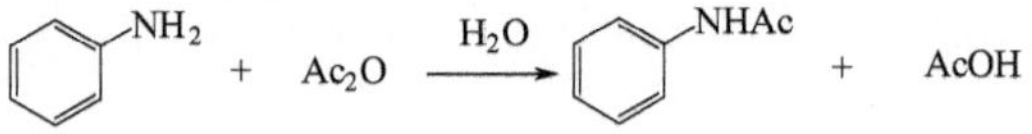

【仪器与试剂】

三口瓶，磁力搅拌器，温度计，回流冷凝器，滴液漏斗；乙酸酐，苯胺。

【实验方法】

在 250mL 的三口瓶上配置搅拌器、温度计、回流冷凝器及滴液漏斗，将 10mL 苯胺及 30mL 水加入反应瓶中，在搅拌下滴加 14mL 乙酸酐，控制乙酸酐的滴加速度以保证反应温度不超过 40℃，滴加完毕于室温继续搅拌 30min，停止搅拌，室温下放置 1h，抽滤，以冷水洗涤滤饼至洗水呈中性，抽干，得乙酰苯胺粗品。以水为溶剂进行重结晶，可制得乙酰苯胺精品，干燥后测熔点、称重、计算收率。

【思考题】

1. 为什么要将粗产品用冷水洗至中性？
2. 本实验是否可选用其他酰化试剂？

54

3.2 对硝基乙酰苯胺的制备

【实验目的】

了解硝化反应的机理、硝化剂的种类及其特点。

【实验原理】

【仪器与试剂】

三口瓶，磁力搅拌器，温度计，回流冷凝器，滴液漏斗；乙酰苯胺，冰醋酸，浓硫酸，浓硝酸，乙醇，冰。

【实验方法】

在 100mL 的三口瓶上配置搅拌器、温度计、回流冷凝器及滴液漏斗，将实验 3.1 中制得的乙酰苯胺 3g 及冰醋酸 3.5mL 加入反应瓶中，开动搅拌，在水浴冷却下滴加浓硫酸 6mL，滴加过程中保持反应温度不超过 30℃[1]。冰盐浴冷冷此反应液至 0℃，滴加配制好的混酸（由浓硫酸 1.5mL 和浓硝酸 1.7mL 配制而成)[2]，滴加过程中严格控制滴加速度使反应温度不超过 10℃，滴加完毕，于室温下放置 1h。将反应混合物在搅拌下倒入装有 30g 碎冰的烧杯中，即刻有黄色的对硝基乙酰苯胺沉淀析出，待碎冰全部融化后抽滤，冰水洗涤滤饼至洗水呈中性，抽干得粗品。将该粗品以 30mL 乙醇重结晶，得对硝基乙酰苯胺精品 2～3g，产品熔点为 213～214℃。

【注释】

[1] 加入硫酸时剧烈放热，因此需慢慢加入，此时反应液应为澄清液。

[2] 配制混酸时放热，要在冷却及搅拌条件下配制，要将硫酸逐滴加到硝酸中去。

【思考题】

1. 本实验中采用乙醇重结晶法分离邻、对位硝化产物的根据是什么？

2. 冰解一步的原理是什么？

3. 配制混酸过程中有时制得的混酸带有浅棕色，分析其原因。

3.3　2,4-二氯乙酰苯胺的制备

【实验目的】

了解氯化反应的机理、氯化剂的种类及其特点。

【实验原理】

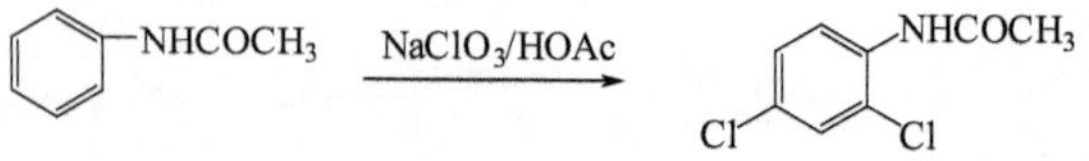

【仪器与试剂】

三口瓶，磁力搅拌器，温度计，回流冷凝器，滴液漏斗；乙酰苯胺，冰醋酸，浓盐酸，氯酸钠，甲醇。

【实验方法】

将乙酰苯胺 2.5g、冰醋酸 5mL 加入到配有搅拌器、温度计和回流冷凝器的 50mL 三口瓶中，搅拌使之混合均匀，再加入浓盐酸 10mL，冰水浴冷却下滴加配制好的氯酸钠水溶液，滴加过程维持反应温度在 20～35℃间。滴加完毕，于室温下继续搅拌反应 1.5h，抽滤，水洗滤饼至洗水呈中性，得粗品，以 80%（体积分数）的甲醇重结晶得精品。

【思考题】

1. 本实验中氯化的原理是什么？

2. 还可以选择哪些氯化剂？

3.4　丙酰氯的制备

【实验目的】

了解羧酸氯化制备酰氯的机理、氯化剂的种类及其特点。

【反应原理】

$$3CH_3CH_2COOH + PCl_3 \longrightarrow 3CH_3CH_2COCl + H_3PO_3$$

【仪器与试剂】

圆底烧瓶，磁力搅拌器，温度计，回流冷凝器，滴液漏斗，干燥管，气体吸收装置；丙酸，三氯化磷。

【实验方法】

在 100mL 干燥过的圆底烧瓶上配置回流冷凝器（顶端配有无水氯化钙干燥管及氯化氢气体吸收装置），加入丙酸 18mL、三氯化磷 8g，在油浴上加热至 50℃，保温反应 3h[1,2]。冷却到室温后进行常压蒸馏，收集 76～80℃的馏分，得产品为无色透明液体，称重、计算收率。

【注释】

[1] 反应开始阶段剧烈放热，因此要注意控制反应温度。

[2] 在气体吸收装置中可观察到有氯化氢气体放出。

【思考题】

1. 本实验可否选用其他氯化剂？

2. 蒸馏过程中馏分的取舍原则是什么？

3.5　苯丙酮的制备

【实验目的】

了解 Friedel-Crafts 反应的机理、反应条件以及减压蒸馏的操作。

【实验原理】

$$\text{苯} + CH_3CH_2COCl \xrightarrow{AlCl_3} \text{苯环}-COCH_2CH_3$$

【仪器与试剂】

三口瓶，磁力搅拌器，温度计，回流冷凝器，滴液漏斗，干燥管，气体吸收装置；丙酰氯，苯，三氯化铝，氢氧化钠，盐酸。

【实验方法】

在 50mL 的三口瓶上配置搅拌器、温度计、回流冷凝器（顶端装有无水氯化钙干燥管及氯化氢气体吸收装置），加入三氯化铝 3.5g[1]、干燥过的苯 9mL[2]，搅拌下滴加丙酰氯 2.3g，控制滴加速度以反应温度维持在 25～30℃为宜。滴加完毕，缓慢升温到 50℃，在此温度下继续反应 2h，冷却至 20℃，将反应混合物倒入 15g 碎冰中[3]，用少量的盐酸将析出的沉淀溶解，分出有机层，水层用苯提取 3 次（每次 8mL），合并有机相后再用 5％的氢氧化钠洗涤 3 次（每次 7mL），最后再用水洗一次，以无水硫酸镁干燥。将干燥过的有机相中的干燥剂滤除，安装好减压蒸馏装置[4]，先常压蒸出苯，然后再减压蒸产品，收集 92～95℃/11mmHg 的馏分。

【注释】

[1] 称取三氯化铝时动作要快，要在通风橱内进行，以防其吸潮分解。

[2] 本实验中最好选用不含噻吩的苯。

[3] 冰解一步要在通风橱内进行。

[4] 事先要预习有关减压蒸馏的原理及操作。

【思考题】

1. 本实验中是否可以选用丙酸酐为酰化剂？

2. 反应的后处理过程中加入盐酸的作用是什么？

3.6 呋喃丙烯酸的制备

【实验目的】

了解 Knoevenagel 反应的机理、应用及反应条件。

【实验原理】

【仪器与试剂】

圆底烧瓶，磁力搅拌器，温度计，回流冷凝器，滴液漏斗；丙二酸，呋喃甲醛，吡啶，浓氨水，盐酸，乙醇。

【实验方法】

将呋喃甲醛 2.5g、丙二酸 3g、吡啶 1.3mL 加入到 25mL 的圆底烧瓶中[1]，加装回流冷凝器，在沸水浴上加热反应 2h。冷却到室温后，将反应液转移到 150mL 的烧杯中，加入 25mL 水稀释，再加入浓氨水使反应物全部溶解[2]，抽滤，少量水淋洗滤纸，合并滤液及洗液，在搅拌下加稀盐酸（18%）调 pH＝3，待酸化液充分冷却后，抽滤，水洗滤饼两次（每次约 10mL），干燥后得呋喃丙烯酸粗品，乙醇重结晶可得精品，熔点为 139～140℃。

【注释】

［1］本实验所用的原料应事先进行干燥处理。

［2］氨水的用量约 10mL。

【思考题】

1. 实验中吡啶的作用是什么？

2. 还可以采用其他何种反应同样可制备该化合物？

3.7　对硝基苯甲醛的制备

【实验目的】

了解氧化中常用的温和氧化剂的种类、特点及反应条件。

【实验原理】

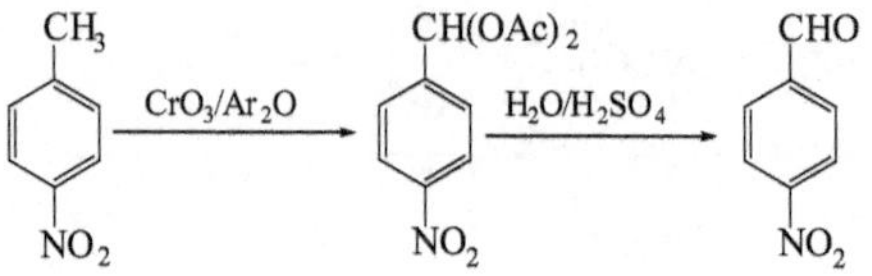

【仪器与试剂】

三口瓶，磁力搅拌器，温度计，回流冷凝器，滴液漏斗；对硝基甲苯，醋酐，铬酸酐，硫酸，碳酸钠（2%，40mL）。

【实验方法】

在 100mL 的三口瓶上配置搅拌器、温度计、回流冷凝器及滴液漏斗，将醋酐 50mL 及对硝基甲苯 3.2g 加入反应瓶中，冰盐浴冷却下加入浓硫酸 5mL，冷却到 0℃，在搅拌下滴加事先制好的铬醋酐溶液[1]，维持反应温度在 10℃ 以下，加毕，于 5～10℃ 反应 2h，将反应混合物倒入 120g 碎冰中，搅拌均匀后再以冰水稀释至 380mL，抽滤析出的固体。将滤饼悬浮于 20mL 2% 的碳酸钠溶液中，充分搅拌后抽滤，依次用水、乙醇洗涤滤饼，抽干后得对硝基苯甲醛二醋酸酯粗品。将上述制得的对硝基苯甲醛二醋酸酯粗品置于 100mL 的圆底烧瓶中，加入水 10mL、乙醇 10mL、浓硫酸 1mL，加热回流 30min，趁热抽滤，滤液在冰水中冷却后析出结晶，抽滤、水洗，干燥后得产品[2]，熔点为 106～107℃。

【注释】

[1] 铬醋酐溶液配制：将铬酐在搅拌下分批加入到醋酐中，不能反加料，否则易爆炸。

[2] 滤液用 50mL 水稀释后还可析出部分产品。

【思考题】

1. 将芳环上的甲基氧化成醛时，为何需经过二醋酸酯一步？

2. 本实验除了可采用铬醋酐为氧化剂外，还可以选用哪些氧化剂？

3.8 间硝基苯甲醛的制备

【实验目的】

了解硝化试剂的种类、特点及反应条件。

【实验原理】

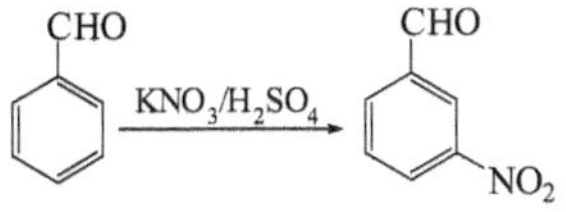

【仪器与试剂】

三口瓶，磁力搅拌器，温度计，回流冷凝器，滴液漏斗；苯甲醛，硝酸钾，浓硫酸，碳酸钠。

【实验方法】

在配有搅拌器、温度计、回流冷凝器及滴液漏斗的 100mL 的三口瓶中，加入硝酸钾 2.3g 及浓硫酸 10mL，冰盐浴冷却到 0℃，在剧烈的搅拌下滴加苯甲醛 2.5g，滴加过程中保持反应温度不超过 5℃，加毕，室温下继续搅拌反应 1.5h，将反应混合物在搅拌下倒入 40g 冰水中，析出黄色沉淀，抽滤，依次以 5％的碳酸钠溶液 5mL、冰水 10mL 洗涤滤饼，抽干，得产品 3g，熔点为 56～58℃。产品可用苯或石油醚为溶剂进行重结晶。

【思考题】

1. 反应中可能的副产物有哪些？

2. 本反应的反应机理如何？

3.9　苯亚甲基苯乙醛酮（查尔酮）的制备

【实验目的】

了解 Aldol 缩合反应的机理、特点及反应条件。

【实验原理】

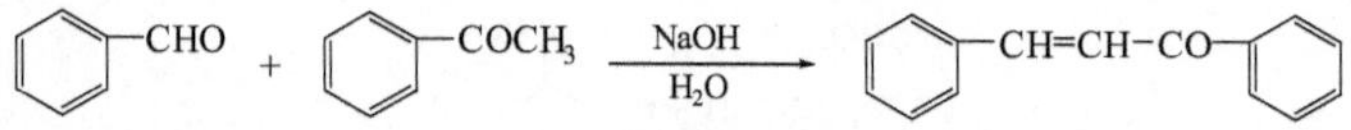

$$\text{\textcircled{}}-CHO \; + \; \text{\textcircled{}}-COCH_3 \; \xrightarrow[H_2O]{NaOH} \; \text{\textcircled{}}-CH=CH-CO-\text{\textcircled{}}$$

【仪器与试剂】

三口瓶，磁力搅拌器，温度计，回流冷凝器，滴液漏斗；苯甲醛，苯乙酮，乙醇（95%），氢氧化钠。

【实验方法】

在配有搅拌器、温度计、回流冷凝器及滴液漏斗的 100mL 的三口瓶中，加入氢氧化钠水溶液、乙醇（95%）各 7mL 及苯乙酮 2.6g，水浴加热到 20℃，滴加苯甲醛 2.3g，滴加过程中维持反应温度 20～25℃，加毕，于该温度下继续搅拌反应 0.5h，加入少量的查尔酮作晶种，继续搅拌 1.5h，析出沉淀，抽滤、水洗至洗水呈中性，抽干得粗产品，以乙酸乙酯为溶剂重结晶，精品为浅黄色针状结晶，熔点为 55～56℃。

【思考题】

1. 本实验中可能的副反应有哪些？怎样可以避免？

2. 为什么该产品析晶较困难？

3.10 阿司匹林的制备

【实验目的】

掌握水杨酸的乙酰化反应的原理，学会阿司匹林的制备方法，会进行产品的结晶、精制和抽滤等操作。

【实验原理】

【仪器与试剂】

锥形瓶，吸滤瓶，量筒，布氏漏斗，恒温水浴锅；水杨酸，乙酸乙酯，醋酐，浓硫酸，纯化水。

【实验方法】

1. 制备

称取水杨酸 2.5g 于 250mL 锥形瓶中，加入醋酐 7mL，然后用滴管加入浓硫酸，轻轻振荡使水杨酸溶解。将锥形瓶放在蒸汽浴上慢慢加热至 $85\sim95℃$，维持温度 10min。然后将其慢慢冷却至室温。当冷却至室温、结晶形成后，加入纯化水 65mL 并用玻璃棒慢慢搅拌，同时将该溶液放入冰浴中冷却。待充分冷却后，阿司匹林结晶完全析出。将布氏漏斗安装在吸滤瓶上，垫上大小合适的滤纸，先将滤纸润湿，打开减压泵，抽紧滤纸，然后将待滤结晶溶液慢慢倾倒在漏斗中，抽滤，滤渣用纯化水 8mL 分 3 次快速洗涤，洗涤时先停止减压，用刮刀轻轻将滤渣拨松，以 2mL 纯化水润湿结晶，打开减压阀抽滤，用刮刀或玻璃钉压紧结晶，抽干，得到阿司匹林粗品。

2. 精制

将所得阿司匹林粗品移至 50mL 烧杯中，加入饱和碳酸氢钠水溶液 35mL。搅拌到没有二氧化碳放出为止（无气泡放出，"嘶嘶"声停止）。若有不溶物存在，减压抽滤，除去不溶物并用少量纯化水洗涤。另取 50mL 烧杯一只，放入浓盐酸 5mL 和纯化水 13mL，将得到的滤液慢慢地分多次倒入烧杯中，边倒边搅拌。阿司匹林从溶液中析出。将烧杯放入冰浴中冷却，抽滤固体，并用纯化水洗涤，抽紧压干固体，得到阿司匹林粗品。

将所得的阿司匹林粗品放入 25mL 锥形瓶中，加入少量的热的乙酸乙酯（不超过 3mL），在蒸汽浴上缓缓地不断加热直至固体溶解，冷却至室温，或用冰浴冷却，阿司匹林针状结晶渐渐析出，抽滤得到阿司匹林精品约 1.4g，熔点为 135～136℃。

【注意事项】

1. 加热的热源可以是蒸汽浴、电加热套、电热板，也可以是烧杯加水的水浴。若加热的介质为水时，要注意不要让水蒸气进入锥形瓶中，以防止醋酐和生成的阿司匹林水解。

2. 假若在冷却过程中阿司匹林没有从反应液中析出，可用玻璃棒或不锈钢刮刀轻轻摩擦锥形瓶的内壁，也可同时将锥形瓶放入冰浴中冷却，促使结晶生成。

3. 加水时要注意，一定要等结晶充分生成后才能加入。加水时要慢慢加入，并有放热现象，甚至会使溶液沸腾。产生醋酸蒸气，须小心，应在通风橱中进行。在乙酰化反应过程中，阿司匹林会自身缩合形成一种聚合物。

4. 利用阿司匹林和醋酸氢钠反应生成水溶性钠盐的性质，从而与聚合物分离。当饱和的碳酸氢钠水溶液加到阿司匹林粗品中时，会产生大量的气泡，注意分批少量地加入，一边加一边搅拌，以防气泡产生过多引起溶液外溢。

5. 若将滤液加盐酸后，仍没有固体析出，测一下溶液的 pH 是否呈酸性，如果不呈酸性，再补加盐酸至溶液 pH 为 2 左右，会有固体析出。

6. 阿司匹林的乙酸乙酯溶液在冷却时应有阿司匹林结晶析出。若没有结晶析出，可加热将乙酸乙酯挥发一些，再冷却，重复操作。

7. 阿司匹林纯度可用下列方法检查：取两支洁净试管，分别加入少量的水杨酸和阿司匹林精品。加入乙醇各 1mL，使溶解。然后分别在每

支试管中加几滴 $10\%FeCl_3$ 溶液，水杨酸中有红色或紫色出现，阿司匹林精品中应是无色的。

【思考题】

1. 阿司匹林合成过程中，要加入少量的浓硫酸，其作用是什么？除硫酸外，是否可以用其他酸代替？

2. 在实验过程中能否用铁质仪器，为什么？

3. 实验过程中可能产生的杂质有哪些？用什么方法除去？

4. 聚合物是制备阿司匹林过程中的主要副产物，生成的原理是什么？精制时应如何除去？

3.11　二苯甲醇的制备

【实验目的】

了解酮的还原反应机理、还原剂的种类及特点。

【实验原理】

【仪器与试剂】

三口瓶，磁力搅拌器，温度计，回流冷凝器；二苯酮，硼氢化钠，乙醇（95％）。

【实验方法】

在配有搅拌器、温度计、回流冷凝器的 100mL 三口瓶中，加入二苯酮 4.5g、95％的乙醇 25mL，水浴加热至反应物全溶，冷却至室温，搅拌下分批加入硼氢化钠 0.5g，加入速度以反应温度保持在 50℃ 以下为宜，加毕，加热反应物至回流反应 1h，冷却到室温，加入 25mL 水稀释反应液，再加入 10％稀盐酸分解未反应的硼氢化钠，待冷却到室温后抽滤，水洗滤饼，抽干得粗产品，以石油醚（沸点 30～60℃）为溶剂重结晶可制得精品。

【思考题】

除了本实验提供的方法外可否采用其他反应途径制备二苯甲醇？

3.12 对硝基苯甲酰-β-丙氨酸的制备[1]

【实验目的】

1. 了解酰化反应的反应机理及酰化剂的种类。
2. 了解相转移反应的原理及相转移催化剂的种类。

【实验原理】

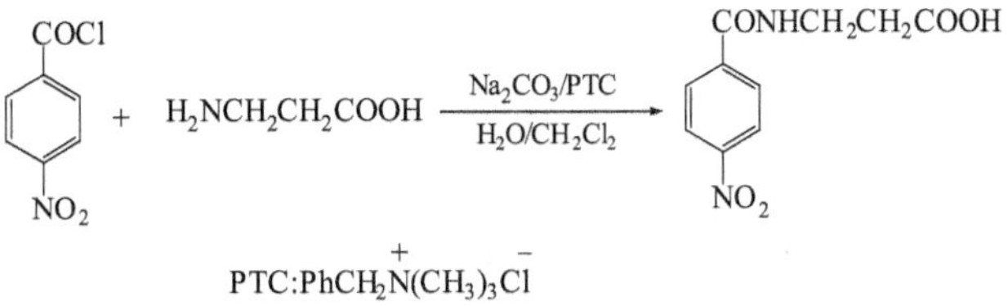

$$PTC:PhCH_2\overset{+}{N}(CH_3)_3\overset{-}{Cl}$$

【仪器与试剂】

三口瓶，磁力搅拌器，温度计，回流冷凝器，滴液漏斗；对硝基苯甲酰氯，β-丙氨酸，三甲基苯甲基氯化铵，碳酸钠，二氯甲烷。

【实验方法】

在装有搅拌器、温度计、回流冷凝器及滴液漏斗的 100mL 三口瓶中，加入 β-丙氨酸 3.5g、碳酸钠 5.5g 及水 15mL，搅拌使之溶解后，再加入三乙基苯甲基氯化铵 0.2g，滴加对硝基苯甲酰氯的二氯甲烷溶液（7.5g 溶于 18mL 二氯甲烷），滴加过程中保持反应温度不超过 25℃，加毕，室温下搅拌 2h，静置分层，水层用盐酸酸化至 pH＝1，析出固体，抽滤，用水洗涤滤饼至洗水呈中性，真空干燥，得黄色固体粉末为对硝基苯甲酰-β-丙氨酸粗品。以丙酮为溶剂重结晶，得黄色固体 1.5g（92.6％），熔点为 164～166℃（文献中熔点为 164～166℃[1,2]）。

【注释】

[1] Chan RPK. 2-hydroxy-5-phenylazobenzoic acid derivatives. GB 1982：2080796.

[2] 孟昭力，唐龙骞，赵彦伟，王德凤. 巴柳氮（Balsalazide）的合成. 中国现代应用药学，2000，17（6）.

【思考题】

本实验是否还可以选择其他类型的相转移催化剂？

3.13 2-巯基-4-甲基-6-羟基嘧啶的制备

【实验目的】

1. 了解环合反应的机理及反应条件。

2. 学习金属钠的使用方法及操作注意事项。

【实验原理】

【仪器与试剂】

磁力搅拌器，温度计，回流冷凝管，滴液漏斗，三口瓶；乙酸乙酯，金属钠，硫脲。

【实验方法】

在装有搅拌器、温度计、回流冷凝器及滴液漏斗的 100mL 三口瓶中，加入乙酸乙酯 15mL，开动搅拌，将 0.7g 金属钠切成小块分批加入到反应瓶中，反应放热[1]，加毕，油浴加热至回流使金属钠全部溶解[2]。加入硫脲 1.4g，继续回流反应 4h，停止反应，向反应液中加入 20mL 温水，使反应物全部溶解，再加入 0.15g 活性炭脱色 5min，抽滤滤液以 10% 的盐酸酸化至 pH=3～5，析出沉淀，抽滤，水洗滤饼至洗水呈中性，抽干得粗产品，乙醇重结晶可制得精品。

【注释】

[1] 反应放热可能使反应回流。

[2] 金属钠溶解后即刻析出乙酰乙酸乙酯的钠盐沉淀。

【思考题】

1. 环合反应一步的机理是怎样的?

2. 可否用醇钠代替反应中的金属钠?

68

3.14　对硝基苯甲酸的制备

【实验目的】

了解氧化剂的种类、特点及反应条件。

【实验原理】

$$\underset{\substack{\\ NO_2}}{\overset{\substack{CH_3 \\ }}{\bigcirc}} \xrightarrow{Na_2Cr_2O_7/H_2SO_4} \underset{\substack{\\ NO_2}}{\overset{\substack{COOH \\ }}{\bigcirc}}$$

【仪器与试剂】

三口瓶，磁力搅拌器，温度计，回流冷凝器，滴液漏斗；对硝基甲苯，重铬酸钠，浓硫酸，高锰酸钾，浓盐酸。

【实验方法】

1. $Na_2Cr_2O_7$ 法

在装有搅拌器、温度计、回流冷凝器的 50mL 三口瓶中，加入对硝基甲苯 3g、重铬酸钠 4.5g 及水 10mL，开动搅拌，将 7mL 浓硫酸由滴液漏斗加入到反应瓶中[1]，加毕，装上回流冷凝器，在沸水浴上加热至 80℃ 反应 1.5h[2]，冷却到室温，加入 13mL 水。抽滤，滤饼用 12mL 水洗涤两次。将滤饼转移到 100mL 的圆底烧瓶中，加入 5％ 的稀硫酸 6mL[3]，于沸水浴上加热 10min，冷却到室温后抽滤，将滤饼溶于约 7mL 5％ 的氢氧化钠中，再加入活性炭 0.1g，加热至 50℃，脱色 5min 后，趁热抽滤，将滤液在搅拌下慢慢倾入 60mL 15％ 的硫酸中得浅黄色沉淀，抽滤，水洗滤饼，抽干得产品，收率 82％，熔点为 236～238℃，产品以乙醇为溶剂重结晶得精品熔点可达 239℃。

2. $KMnO_4$ 法

在装有搅拌器、温度计、回流冷凝器的 50mL 三口瓶中，加入对硝基甲苯 1.7g、高锰酸钾 2.5g 及水 25mL，开动搅拌，装上回流冷凝器，在沸水浴上加热至 80℃ 反应 1h[4]，加入高锰酸钾 1.3g，反应 1h 后再加入高锰酸钾 1.3g，反应 0.5h 后升温至水浴沸腾，继续反应直到高锰酸钾的颜色完全消失[5]。冷却至室温，抽滤，5mL 水洗涤滤饼一次，滤液在搅

69

拌下加浓盐酸 5mL 酸化，待析出的沉淀冷却至室温后抽滤，水洗滤饼，抽干得产品，熔点为 236～238℃。产品以乙醇为溶剂重结晶得精品，熔点可达 239℃。

【注释】

　　[1] 滴加硫酸时温度不能超过 30℃。

　　[2] 注意控制反应温度，温度过高时对硝基甲苯易升华而结晶于冷凝器底部。

　　[3] 此步是为了溶解铬盐。

　　[4] 注意控制反应温度，温度过高时对硝基甲苯易升华而结晶于冷凝器底部。

　　[5] 高锰酸根带有鲜红色，而生成的二氧化锰为黑色沉淀。

【思考题】

　　1. 本实验是否可选其他氧化剂？

　　2. 反应中硫酸的浓度对反应的进行有何影响？

　　3. 实验中高锰酸钾为什么要分批加入？

3.15 对硝基苯甲酸乙酯的制备

【实验目的】

1. 了解酯化反应的特点及反应条件。
2. 学习重结晶的操作。

【实验原理】

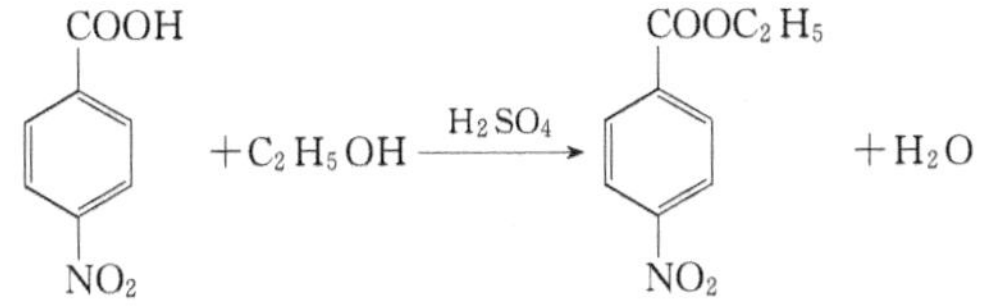

$$\underset{NO_2}{\underset{|}{\overset{COOH}{\overset{|}{\bigcirc}}}} + C_2H_5OH \xrightarrow{H_2SO_4} \underset{NO_2}{\underset{|}{\overset{COOC_2H_5}{\overset{|}{\bigcirc}}}} + H_2O$$

【仪器与试剂】

圆底烧瓶，磁力搅拌器，回流冷凝器；对硝基苯甲酸，无水乙醇，浓硫酸。

【实验方法】

于 50mL 的圆底烧瓶中依次加入对硝基苯甲酸 3g、无水乙醇 13mL 及浓硫酸 1.5mL，装上回流冷凝器在水浴上加热回流反应 2h，冷却至室温后，常压蒸出部分乙醇（约 1.5~2.5mL），将反应物倒入 30mL 冷水中，析出白色沉淀，抽滤，将滤饼转移到 25mL 的烧杯中，加 5% 的碳酸钠溶液 5mL 搅拌片刻，抽滤，水洗滤饼至洗水呈中性，抽干得产品，熔点为 54~56℃。

【思考题】

1. 反应中加入浓硫酸的目的是什么？
2. 在操作中为什么要蒸出部分乙醇？
3. 后处理中加入 5% 的碳酸钠溶液的作用是什么？

3.16　对氨基苯甲酸乙酯的制备

【实验目的】

了解"铁酸还原"反应的特点及反应条件。

【实验原理】

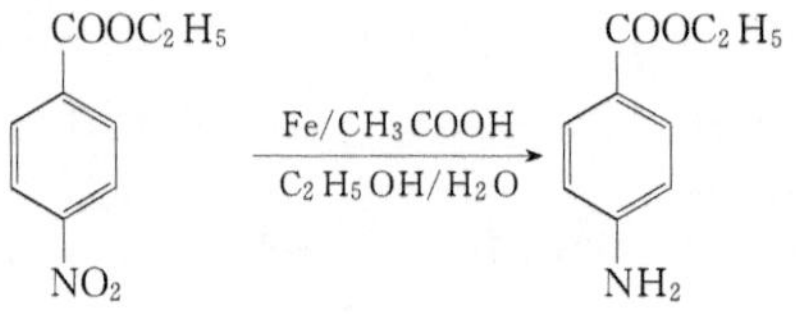

【仪器与试剂】

圆底烧瓶，磁力搅拌器，温度计，回流冷凝器；对硝基苯甲酸乙酯，铁粉，冰醋酸，乙醇（95％）。

【实验方法】

在 150mL 的圆底烧瓶中依次加入铁粉 3.5g、水 12.5mL、95％乙醇 4mL 及冰醋酸 0.7mL，装上回流冷凝器在水浴上加热回流 15min，然后加入自制的对硝基苯甲酸乙酯 1.5g，继续加热回流反应 2.5h，将浓度为 10％、温热的碳酸钠溶液 9mL 慢慢加入到反应混合物中，继续搅拌 5min，趁热抽滤，滤液中加入适量的冷水后析出沉淀，抽滤，水洗得产品。

【思考题】

1. 本实验中为何选用醋酸而没用盐酸作催化剂？

2. 反应中加入 95％乙醇的作用是什么？

3. 后处理中加入碳酸钠溶液的目的是什么？

4. 本实验中的硝基化合物是否可以采用其他的还原方法？

3.17 对硝基肉桂酸的制备 [1]

【实验目的】

1. 了解缩合反应的特点及反应条件。
2. 复习重结晶的操作。

【实验原理】

【仪器与试剂】

圆底烧瓶，磁力搅拌器，温度计，回流冷凝器；丙二酸，吡啶，哌啶，对硝基苯甲醛。

【实验方法】

将丙二酸 3.5g 和无水吡啶 9mL 先后加到 50mL 的圆底烧瓶中，室温下搅拌使之溶解，再加入哌啶 0.4mL 和对硝基苯甲醛 4.5g，搅拌下缓慢升温到 80℃，反应 2.5h，冷却至室温，将反应混合物倾入 25g 冰水中，搅拌均匀，加浓盐酸调 pH＝2～3，放置 10min，抽滤，水洗滤液近中性，得粗品。用乙醇重结晶得精品，熔点为 218℃。

【注释】

[1] Grob CA, Pfaendler HR. Solvolysis of α-bromo-p-aminostyrene. Helvetica Chimica Acta, 1971, 54 (7): 2060-2066.

【思考题】

1. 是否可以采用其他缩合反应制备该化合物?
2. 实验中加入吡啶和哌啶的作用是什么?

3.18 N-(4-甲基苯磺酰基)-邻氨基苯甲酸甲酯的制备

【实验目的】

了解 N-酰化反应及酰化剂的特点。

【实验原理】

【仪器与试剂】

三口瓶，磁力搅拌器，滴液漏斗；对甲苯磺酰氯，邻氨基苯甲酸甲酯，吡啶。

【实验方法】

在 50mL 三口瓶中加入对甲苯磺酰氯 2.5g、干燥的吡啶 5mL，搅拌下滴加邻氨基苯甲酸甲酯 1.5mL。滴毕，室温搅拌 3h。滤出固体，用 10mL 甲醇洗涤滤饼，干燥，将所得固体用甲醇重结晶。得产品为白色结晶，得量 2.5g，收率 81％，熔点 110～113℃。

【思考题】

1. 此反应是否可以选用其他酰化剂？
2. 反应中吡啶的作用是什么？

3.19　α-溴代丙酰甘氨酸的制备

【实验目的】

了解 N-酰化反应的反应机理。

【实验原理】

$$CH_3CHCOCl + H_2NCH_2COOH \xrightarrow{NaOH} CH_3CHCONHCH_2COOH$$
$$\quad\,|\qquad\qquad\qquad\qquad\qquad\qquad\qquad\quad\,|$$
$$\,\,Br\qquad\qquad\qquad\qquad\qquad\qquad\qquad\quad Br$$

【仪器试剂】

三口瓶，磁力搅拌器，滴液漏斗；甘氨酸，α-溴代丙酰氯，氢氧化钠 8g（溶于 100mL 水）。

【实验方法】

将 2g 甘氨酸溶于 43mL 自制的氢氧化钠水溶液中，在冰盐浴冷却和搅拌下，同时滴加等物质的量 α-溴代丙酰氯和 26mL 自制的氢氧化钠水溶液，维持反应液为弱碱性，如达不到碱性可继续补加氢氧化钠水溶液，室温搅拌 3h，以盐酸酸化至 pH＝1，用乙酸乙酯萃取（25mL×5），有机相经无水硫酸镁干燥后，减压浓缩回收乙酸乙酯，得一油状物，室温放置片刻即固化，得产品，为白色针状结晶，一般不用重结晶（如需要以乙酸乙酯为溶剂进行重结晶），熔点为101～103℃。

【思考题】

1. 本实验中是否可以选用其他酰化剂？
2. 反应为何要保持反应液为弱碱性？

3.20　2-亚氨基-4-噻唑酮的制备[1]

【实验目的】

了解环合反应的反应机理。

【实验原理】

$$H_2N-\overset{\overset{\displaystyle S}{\|}}{C}-NH_2+ClCH_2COOC_2H_5 \xrightarrow{C_2H_5OH}$$

【仪器与试剂】

圆底瓶，磁力搅拌器，滴液漏斗；硫脲，氯乙酸乙酯，95％乙醇。

【实验方法】

将 2g 硫脲、15mL 95％乙醇加到 50mL 圆底瓶中，水浴加热至回流，搅拌约 15min，使硫脲全部溶解，滴加 3.1g 氯乙酸乙酯，约 15～20min 滴完，继续回流反应 2.5h，冷至室温，析出大量白色结晶，抽滤、少量乙醇洗涤、干燥，得产品为白色固体 3.5g，收率为 92％。

【注释】

[1] 王绍杰，张星一，戚英波.2,4-噻唑二酮的合成.中国药物化学杂志，2000，10（4）：89-90.

【思考题】

写出该环合反应的机理。

3.21　2，4-噻唑二酮的制备[1]

【实验目的】

了解亚胺水解制备酮的反应机理

【实验原理】

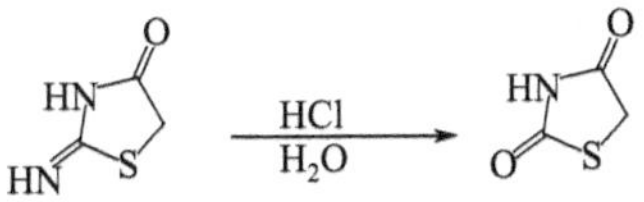

【仪器与试剂】

圆底烧瓶，磁力搅拌器，回流管，滴液漏斗；2-亚氨基-4-噻唑酮，盐酸（20％）。

【实验方法】

将 1g2-亚氨基-4-噻唑酮、10mL20％盐酸加到 50mL 圆底烧瓶中，油浴加热回流反应 4h，将反应液减压浓缩近干，残余物冷却到室温后析出结晶，抽滤，用少量冷水洗涤，得粗产品 1g，70％乙醇重结晶，得白色粗针状结晶，熔点 124～126℃。

【注释】

[1] 王绍杰，张星一，戚英波 . 2,4-噻唑二酮的合成 . 中国药物化学杂志 . 2000, 10（4）：89-90.

3.22　苯妥英钠的合成

【实验目的】

1. 掌握安息香缩合反应的基本原理和操作方法。

2. 熟悉乙内酰脲环合原理和操作。

3. 了解苯妥英合成的基本路线。

【实验原理】

苯妥英通常用苯甲醛为原料，经安息香缩合，生成二苯乙醇酮，随后氧化为二苯乙二酮，再在碱性醇液中与脲缩合、重排制得。苯妥英钠 (Phenytoin Sodium)，化学名为 5,5-二苯基-2,4-咪唑烷二酮钠盐，又名大伦丁钠 (Dilantin Sodium)。为乙内酰脲类抗癫痫药物。它抗惊厥作用强，虽然毒性较大，并有致畸形的副作用，但仍是控制癫痫大发作和部分性发作的首选药物，但对癫痫小发作无效。本品为白色粉末，无臭，味苦，微有引湿性。在空气中渐渐吸收 CO_2，转化成苯妥英。

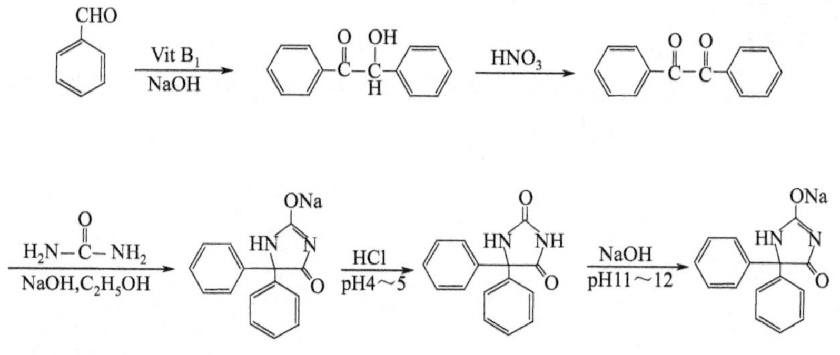

【仪器与试剂】

圆底烧瓶，球形冷凝管，布氏漏斗，抽滤瓶，循环水真空泵；苯甲醛，Vit B_1 盐酸盐，95％乙醇，65％～68％硝酸，尿素，盐酸，NaOH。

【实验方法】

1. 安息香缩合[1]

在 200mL 圆底烧瓶中加入 Vit B_1 盐酸盐 3.6g、12mL 蒸馏水和 30mL 95％乙醇，塞住瓶口，不时摇动，待 Vit B_1 盐酸盐溶解后，放在冰

78

浴中冷却。10min 后，将 2mol/L 氢氧化钠溶液 10mL 加入圆底烧瓶中，充分摇动后立即加入苯甲醛 20mL，混合均匀，然后在圆底烧瓶中加搅拌子，上面加冷凝管，放水浴中搅拌并加热回流，水浴温度控制在 60～75℃，回流 2h 后加热到 80～90℃再回流 1h。反应液呈橘红色均相溶液，冷却反应物至室温，抽滤得浅黄色晶体，冷水洗，抽干得粗品供下步使用。

2. 二苯基乙二酮的制备

取 4.3g 粗制的安息香于 100mL 圆底烧瓶中，加 5mL 浓硝酸，安装回流冷凝器以及气体吸收装置，在沸水浴上加热，如果反应器太小，搅拌子不能正常搅拌，需加入沸石并随时振摇，直至二氧化氮气体逸去完全（约 2h），趁热倾出反应物至盛有 100mL 冷水的烧瓶中，不断搅拌，直至油状物结晶成为黄色固体，抽滤，用水充分洗去 HNO_3（可用 pH 试纸测量判断），干燥得二苯基乙二酮，熔点为 89～92℃（纯二苯基乙二酮的熔点为 95℃）。

3. 苯妥英钠的制备

将二苯基乙二酮粗品 4g、尿素 1.5g 置于 100mL 圆底烧瓶中，加入 15％氢氧化钠溶液 13mL、95％乙醇 20mL，回流 1h 后倾入 150mL 冷水中，放置 0.5h 待沉淀完全，滤去黄色的二苯乙炔二脲沉淀，滤液用 15％盐酸酸化至沉淀完全析出，抽滤得白色苯妥英，如果产品颜色较深，应重新溶于碱液后，加活性炭煮沸 10min 左右，冷却后，再酸化得白色针状结晶，熔点为295～298℃。

将苯妥英混悬于 4 倍水中，水浴上温热至 40℃，搅拌下滴加 20％NaOH 溶液至全溶，加活性炭少许，加热 5min，趁热抽滤，放冷，析出结晶（如滤液析不出结晶，可加氯化钠至饱和），抽滤，少量冰水洗涤，干燥得苯妥英钠，称重，计算收率。

【注意事项】

1. 苯甲醛极易氧化，长期放置有苯甲酸析出，本实验苯甲醛中不能含苯甲酸，因此临用前需蒸馏。

2. 生成的副产物二苯乙炔二脲结构式如下：

3. 硝酸氧化时，有大量 NO_2 逸出，必须用导管导入 NaOH 溶液中吸收。

【注释】

[1] 通常将生成的二苯乙醇酮称为安息香，所以这一类反应也称为安息香缩合反应。早些年此反应的催化剂是氰化钾或氰化钠，由于氰化物是剧毒物，如果使用不当会有危险性，本实验使用维生素 B_1（Vit B_1）作催化剂，其特点在于原料易得、无毒、反应条件温和，而且产率也比较高。

【思考题】

1. 安息香缩合反应的反应液为什么自始至终要保持碱性？

2. 形成乙内酰脲时，产生的副产物是什么？

3. 苯妥英能溶于 NaOH 溶液中的原因是什么？

3.23 磺胺醋酰钠的制备

【实验目的】

1. 了解磺胺醋酰合成的基本路线。

2. 熟悉 pH、温度等条件在药物合成中的重要性。

3. 掌握利用理化性质的差异来分离纯化产品的方法。

【实验原理】

在碱性条件下以磺胺为原料与乙酸酐反应，磺酰胺基乙酰化制备得到磺胺醋酰，再与氢氧化钠反应制备磺胺醋酰钠。

【仪器与试剂】

圆底烧瓶（100mL），球形冷凝管，布氏漏斗，抽滤瓶，温度计，恒温磁力搅拌器，三口瓶，抽滤瓶，布氏漏斗；NaOH（分析纯），磺胺（药用），醋酐（分析纯），盐酸（分析纯），活性炭（化学纯）。

【实验方法】

1. 磺胺醋酰的制备

在装有搅拌器、温度计、回流冷凝管的100mL三口瓶中，加入6g磺胺（SA）和22.5％的NaOH溶液（8mL）。搅拌，水浴逐渐升温至50～55℃，待物料溶解后，滴加 Ac_2O（1.4mL），5min后加入77％NaOH溶液1.2mL[1]，并保持反应液pH在12～13，剩余3mL醋酐与6mL 77％NaOH溶液以每隔5min每次1mL[2]交替加入。加料期间的反应温度维持在50～55℃及pH在12～14[3]。加料完毕后，继续搅拌30min。反应结束后将反应液倾入50mL烧杯中，加水7mL稀释，滴加浓盐酸酸化至pH＝7，于冰水浴中冷却1h左右，析出未反应原料磺胺，过滤，滤饼用少量冰水洗涤[4]，滤液与少量洗液合并后用浓盐酸调pH至4～5，有固体析出，

过滤，将滤饼压紧抽干[5]，滤饼用 3 倍量的 10％盐酸溶液溶解，放置
30min，抽滤除去不溶物，滤液加少量活性炭室温脱色 10min，过滤，滤
液用 40％的 NaOH 溶液调 pH 至 5[6]，析出磺胺醋酰粗品，过滤，滤饼
用 10 倍左右的水加热，使产品溶解，趁热过滤，滤液放冷，慢慢析出结
晶，过滤，干燥得磺胺醋酰精制品，熔点为 179～182℃。

2. 磺胺醋酰钠的制备

将所得磺胺醋酰精制品放入 50mL 圆底烧瓶中，以少量水浸润后，水
浴上加热至 90℃，用滴管滴加 40％NaOH 溶液至 pH 为 7～8 恰好溶解，
趁热过滤，滤液移至烧杯中，冷却析出晶体，滤取结晶，干燥，得磺胺醋
酰钠产品。

【注释】

[1] 本实验中使用 NaOH 溶液有多种不同浓度，在实验中切勿用错，
否则会导致实验失败。

[2] 滴加醋酐和 NaOH 溶液是交替进行，每滴完一种溶液后，让其
反应 5min，再滴加另一种溶液。滴加是用滴管加入，滴加速度以液滴一
滴一滴滴下为宜。

[3] 反应中保持反应液 pH 值在 12～14 很重要，否则收率将会降低。

[4] 在 pH 值为 7 时析出的固体不是产物，应弃去。产物在滤液中，
切勿搞错。在 pH＝4～5 析出的固体是产物。

[5] 在本实验中，溶液 pH 值的调节是反应能否成功的关键，应小心
注意，否则实验会失败或收率降低。

[6] 氢氧化钠固体及其溶液具有强腐蚀性，不慎沾上时，应及时用大
量清水冲洗。

【思考题】

1. 反应中用 NaOH 的作用是什么？

2. 在制备 SA 时，芳伯氨基可发生酰化吗？

3. 该制备中产生哪些副产物，应如何减少副产物提高收率？

3.24　桂皮酰哌啶的制备

【实验目的】

1. 掌握氯化、酰化的基本原理。
2. 熟悉无水操作及产品精制的方法。
3. 了解桂皮酰哌啶的合成路线。

【实验原理】

芳香醛和酸酐在酸酐相应的碱金属盐存在下，发生类似醇醛缩合反应得到 α,β-不饱和芳香酸。这个反应用于合成桂皮酸称为 Perkin 反应。生成的桂皮酸与二氯亚砜进行酰氯化反应得到酰氯化物，最后和哌啶缩合得到产物桂皮酰哌啶。

胡椒碱是一种治疗癫痫病的药物。民间用"白胡椒加红心萝卜"治疗癫痫病作为秘方相传，经临床观察和药理试验，发现起治疗作用的是白胡椒，并进而发现其有效成分是胡椒碱。但胡椒碱的结构比较复杂，不容易合成。如果由胡椒提取则成本太高，不能大量生产。利用药物化学中的同系原理对胡椒碱进行结构改造时，发现 3-(3,4-亚甲基二氧苯基)-丙烯酰哌啶也具有类似胡椒碱的药理作用，其结构简单，便于合成，已用于临床。临床上亦称为抗癫灵。

胡椒碱　　　　　　　　　　　抗癫灵

抗癫灵的结构简化物——桂皮酰哌啶结构更加简单，经药理实验证明，其药理作用与抗癫灵类似，并且具有广谱的抗惊作用，有一定的研究价值。本品为白色或类白色晶体，无臭，无味。在乙醇中溶解，几乎不溶于水，熔点 $121 \sim 122 ℃$。

【仪器与试剂】

圆底烧瓶，空气冷凝管，$CaCl_2$ 干燥管，长颈圆底烧瓶，球形冷凝管，克氏蒸馏烧瓶，温度计；苯甲醛，醋酸酐，无水醋酸钾，Na_2CO_3，无水苯，$SOCl_2$，哌啶（六氢吡啶），盐酸，无水 Na_2SO_4，乙醇，活性炭。

【实验方法】

1. 桂皮酸的制备

配料比（质量比）：m（苯甲醛）∶m（醋酸酐）∶m（醋酸钾）＝ $1∶1.43∶0.6$，在 150mL 圆底烧瓶中加入 5g 苯甲醛，20mL 醋酸酐和新熔焙过的 3g KOAc。安装空气冷凝器及 $CaCl_2$ 干燥管，在油浴上加热回流振摇使溶解，维持油浴温度 $160℃$（内温约 $150℃$）1.5h，然后升温至 $170℃$ 加热 2.5h（内温约 $160 \sim 170℃$）。反应完成后，取下反应瓶，将反应物倒入 30mL 热水中，并用少量水冲洗反应瓶，在反应液中加入适量 Na_2CO_3，调 pH 值至 8；然后倒入 150mL 圆底烧瓶中进行水蒸气蒸馏，除尽未反应的苯甲醛后，加入适量活性炭约 1 匙，煮沸 15min，趁热抽滤，冷却后，慢慢滴加浓盐酸酸化，边加边搅拌，使桂皮酸结晶析出完全，抽滤，水洗涤，干燥得粗品，用稀乙醇 [V（水）∶V（95% EtOH）＝ $3∶1$] 重结晶得桂皮酸结晶，熔点 $131 \sim 132℃$。

2. 桂皮酰氯、桂皮酰胺的制备

配料比（质量比）：m（桂皮酸）∶m（$SOCl_2$）∶m（C_6H_6）∶ m（哌啶）＝ $1∶0.89∶19.04∶1.15$，将干燥的桂皮酸 1.8g 投入 50mL 圆底烧瓶中，加入 15mL 苯，加入 $SOCl_2$ 1mL，安装回流冷凝器、氯化钙干燥管、气体吸收装置，在油浴上加热回流至无 HCl 产生，约 $2.5 \sim 3h$，浴温 $90 \sim 100℃$ 酰氯化反应完成后改换成蒸馏装置，减压蒸除苯，得到桂皮酰氯的结晶（熔点 $36℃$ 或浆状物），蒸出的酸性苯勿倒入池中，回收。

将桂皮酰氯用 25mL 无水苯温热溶解，分次加入哌啶 3mL 充分振摇，密塞于室温放置 2h 完成胺解反应。

将沉淀的哌啶盐酸盐抽滤除去，苯溶液用水洗两次（每次 25mL），分出水层，苯层再用 10% HCl 约 25mL 洗至酸性，分离除去酸水，苯层再用饱和 Na_2CO_3 洗至微碱性，再用 H_2O 洗至中性，分出苯层，加入无水 Na_2SO_4 干燥 1h（无水 Na_2SO_4 用前应先干燥再使用），减压蒸馏除苯，析出产品，用 EtOH 重结晶，得桂皮酰哌啶，熔点 121～122℃。

【注意事项】

1. 苯甲醛容易被空气氧化生成苯甲酸，工业品或开口放置过的化学纯品均应重蒸。

2. 桂皮酸的制备过程中无水条件的控制是反应的关键，无水醋酸钾必须新鲜熔融制得，方法：将含水醋酸钾在瓷蒸发器中加热，盐先在自身的结晶水中溶解，水分蒸发后再结晶成固体，强热使固体再熔化，并不断搅拌片刻，趁热倒在乳钵中，固化后研碎置于干燥器中待用。

3. 醋酐中如含有水则分解成醋酸，影响反应，所以醋酸含量较高时应重蒸。

4. $SOCl_2$ 易吸水分解，用后应立即盖紧瓶塞，在通风柜中量取。

【思考题】

1. 桂皮酸合成为什么必须在无水条件下进行？

2. 醋酸钾为何必须新鲜熔融，如想提高收率可采取什么措施？

3. 从羧酸制备酰氯有哪些方法？选用 $SOCl_2$ 的优点是什么？

4. 苯酰氯化后蒸出的酸性苯中有哪些杂质？应如何将其处理回收？

5. 桂皮酸合成反应中将反应物倒入事先沸腾的热水中，为什么？

3.25　烟酸的制备

【实验目的】

1. 掌握高锰酸钾氧化法对芳烃的氧化原理及实验方法。
2. 熟悉酸碱两性有机化合物的分离纯化技术。
3. 了解烟酸的合成路线。

【实验原理】

$$\text{（结构式）} +2KMnO_4 \xrightarrow{51\%} \text{（结构式）} +2MnO_2+KOH+H_2O$$

　　烟酸（Nicotinic acid）学名为吡啶-3-羧酸，又称维生素 B$_5$，是 B 族维生素中的一种，富集于酵母、米糠之中，可用于防治糙皮病，也可用作血管扩张药，并大量用作食品和饲料的添加剂。作为医药中间体，可用于烟酰胺、尼可剎米及烟酸肌醇酯的生产。

　　烟酸的化学结构：（结构式）　　分子式：$C_6H_5NO_2$；相对分子质量：123。本品为无色针状结晶，熔点 236～239℃。

【仪器与试剂】

　　球形冷凝器，圆底烧瓶，三口瓶，尾接管，布氏漏斗，抽滤瓶，圆底烧瓶，温度计，恒温磁力搅拌器；3-甲基吡啶，高锰酸钾，浓盐酸。

【实验方法】

　　在配有回流冷凝管、温度计和搅拌子的三口瓶中。加入 3-甲基吡啶 1.3g、蒸馏水 50mL，水浴加热至 85℃。在搅拌下，分批加入高锰酸钾 5g，控制反应温度在 85～90℃，加毕，继续搅拌反应 1h。停止反应，改成常压蒸馏装置，蒸出水及未反应的 3-甲基吡啶，至流出液呈现不浑浊为止，约蒸出 65mL 水，停止蒸馏，趁热过滤，用 3mL 沸水分三次洗涤滤饼（二氧化锰）[1]，弃去滤饼，合并滤液与洗液，得烟酸钾水溶液。

　　将烟酸钾水溶液移至 150mL 烧杯中，用滴管滴加浓盐酸调 pH 值至 3～4(烟酸的等电点 pH 值约 3.4，注意：用精密 pH 试纸检测)，冷却析晶，过滤，抽干，得烟酸粗品。

　　将粗品移至 50mL 圆底烧瓶中，加粗品 5 倍量的蒸馏水，水浴加热，轻轻振摇使溶解，稍冷，加活性炭适量[2]，加热至沸腾，脱色 10min，趁热过滤，慢慢冷却析晶[3]，过滤，滤饼用少量冷水洗涤，抽干，干燥，得无色针状结晶烟酸纯品，熔点 236～239℃。

【注释】

[1] 氧化反应若完全，二氧化锰沉淀滤去后，反应液不再显紫红色。如果显紫红色，可加少量乙醇，温热片刻，紫色消失后，重新过滤。

[2] 精制中加入活性炭的量可由粗品的颜色深浅来定，若颜色较深可多加一些。

[3] 慢慢冷却结晶，有利于减少氯化钾在产物中的夹杂量。

【思考题】

1. 氧化反应若反应完全，反应液呈什么颜色？

2. 为什么加乙醇可以除去剩余的高锰酸钾？

3. 在产物处理过程后，为什么要将 pH 值调至烟酸的等电点？

4. 本实验在烟酸精制过程中为什么要强调缓慢冷却结晶处理？冷却速度过快会造成什么后果？

5. 如果在烟酸产物中尚含有少量氯化钾，如何除去？试拟定分离纯化方案。

3.26　香豆素-3-羧酸的合成

【实验目的】

1. 掌握 Knovengel 反应的基本原理和操作方法。

2. 熟悉回流和重结晶的操作。

3. 了解 Perkin 合成法。

【实验原理】

凡具活性亚甲基的化合物（如丙二酸酯、β-酮酸酯、氰乙酸酯、硝基乙酸酯等）在氨、胺或其羧酸盐的催化下，与醛、酮发生醛醇型缩合，脱水而得 α,β-不饱和化合物的反应称为 Knovengel 反应。

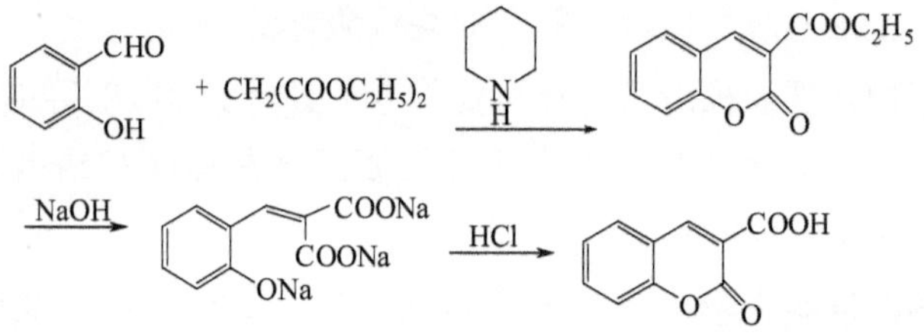

【仪器与试剂】

圆底烧瓶，干燥管，锥形瓶，球形冷凝管，恒温磁力搅拌器，布氏漏斗，抽滤瓶；水杨醛，丙二酸二乙酯，六氢吡啶，无水乙醇，冰醋酸，95％乙醇（适量），NaOH，HCl，无水氯化钙。

【实验方法】

1. 香豆素-3-甲酸乙酯的合成

在干燥的 50mL 圆底烧瓶中，加入 2.1mL 水杨醛、3.4mL 丙二酸二乙酯、13mL 无水乙醇、0.25mL 六氢吡啶和 1 滴冰醋酸，放入几粒沸石后，装上回流冷凝管，冷凝管上口接一氯化钙干燥管。在水浴上加热回流 2h。稍冷后将反应物转移到锥形瓶中，加入 15mL 水，置于冰浴中冷却。待结晶完全后，过滤，晶体每次用 1～1.5mL 50％冰过的乙醇洗涤 2～3次。粗产物为白色晶体，经干燥后重约 3～3.5g，熔点 92～93℃。粗产物可用 25％的乙醇水溶液重结晶，熔点 93℃。

2. 香豆素-3-羧酸的合成

在 50mL 圆底烧瓶中加入 1g 香豆素-3-甲酸乙酯、0.75g 氢氧化钠、

5mL 95％乙醇和 2.5mL 水，加入几粒沸石，装上回流冷凝管，用水浴加热至酯溶解后，再继续回流 15min。稍冷后，在搅拌下将反应混合物加到盛有 2.5mL 浓盐酸和 13mL 水的烧杯中，立即有大量白色结晶析出。在冰浴中冷却使结晶完全。抽滤，用少量冰水洗涤晶体，压干，干燥后重约为 0.7g，熔点 188℃。粗品可用水重结晶，纯品香豆素-3-羧酸的熔点为 190℃。

【注释】

香豆素又名 1,2-苯并吡喃酮，白色斜方晶体或结晶粉末，存在于许多天然植物中。它最早是 1820 年从香豆的种子中发现的，也含于薰衣草、桂皮的精油中。香豆素为香辣型，表现为甜而有香茅草的香气，是重要的香料，常用作定香剂，用于配制香水、花露水香精。香豆素的衍生物除用作香料外，还可以用作农药、杀鼠剂、药物等。由于天然植物中香豆素含量很少，大量是通过合成得到的。1868 年，Perkin 用邻羟基苯甲醛（水杨醛）与醋酸酐、醋酸钠一起加热制得，称为 Perkin 合成法。水杨醛和醋酸酐首先在碱性条件下缩合，经酸化后生成邻羟基肉桂酸，接着在酸性条件下闭环成香豆素。

【思考题】

1. 试写出利用 Knovengel 反应制备香豆素-3-羧酸的反应机理。反应中加入醋酸的目的是什么？

2. 如何利用香豆素-3-羧酸制备香豆素？

3.27　苯佐卡因的合成

【实验目的】

1. 掌握文献查阅和局麻药苯佐卡因合成路线选择的基本原理和评价。

2. 熟悉氧化、酯化、还原、酰化反应的原理和操作方法。

3. 了解化合物的酸碱性及进行纯化的方法。

【实验原理】

苯佐卡因通常有两条合成路线。

方法一：由对硝基甲苯首先被氧化成对硝基苯甲酸，再经酯化后还原而得（本实验采用此法）。

这是一条比较经济合理的路线。

方法二：采用对甲苯胺为原料，经酰化、氧化、水解、酯化一系列反应制备苯佐卡因。

【仪器与试剂】

三口瓶，圆底烧瓶，干燥管，烧杯，锥形瓶，球形冷凝管，机械搅拌器，布氏漏斗，抽滤瓶；对硝基甲苯，重铬酸钾，浓硫酸，5%NaOH，活性炭，对硝基苯甲酸，95%乙醇，5%碳酸钠溶液，铁粉，醋酸，95%乙醇，10%硫化钠溶液。

【实验方法】

1. 对硝基苯甲酸的合成（氧化反应）

在三口瓶中加入对硝基甲苯（2.5g）、重铬酸钾（8g）和水（16mL），搅拌下小心滴加浓硫酸（10mL），滴加过程中，控制反应体系内温度不超过60℃，必要时用水浴冷却，当加入一半量硫酸后，注意控制温度，勿使反应过分剧烈。硫酸加毕后，升温至微沸，缓缓回流 1h，至反应液呈绿色，冷却到 50℃，将反应液倒入烧杯中，加入冷水 40mL，搅拌析出晶体，抽滤，用冷水 10mL 分两次洗涤滤饼。

粗品对硝基苯甲酸为黄黑色，可将其置于 10mL 5％的硫酸中，加热 10min 以溶解铬酸，冷却，过滤，抽干，得晶体。再将晶体溶于温热的 5％氢氧化钠溶液中，冷却，过滤[1]，滤液中加入约 0.1g 的活性炭，温热至约 50℃，振摇或搅拌 5～10min 后过滤。滤液冷却，搅拌下将滤液滴加到 10％的硫酸（35mL）中，冷却，充分析出晶体，过滤[2]，用冷水洗涤，干燥，计算收率，测定熔点。

2. 对硝基苯甲酸乙酯的制备（酯化反应）

将 95％的乙醇 10mL 置于 50mL 干燥的圆底烧瓶中，慢慢加入浓硫酸 1.3mL，再加入对硝基苯甲酸 2g，装上球形冷凝管，于 85℃水浴中搅拌、回流 1.5h，至对硝基苯甲酸固体消失[3]，瓶底有透明的油状物。反应完毕后，取下圆底烧瓶，在剧烈振摇下冷却析出晶体[4]，然后倒入 20mL 冷水中，搅拌，过滤，得滤液（Ⅰ）。滤饼用水洗涤 2 次，然后置于 5％的碳酸钠溶液中，使 pH＝8 左右，以溶去未反应的对硝基苯甲酸，过滤，得到滤液（Ⅱ），滤饼用水洗涤至中性，减压干燥，得对硝基苯甲酸乙酯，计算收率，测定熔点（本品熔点较低，注意干燥温度）。合并滤液（Ⅰ）、（Ⅱ），用酸酸化，过滤，可以回收部分未反应的对硝基苯甲酸。

3. 苯佐卡因的合成（还原反应）

将铁粉 1.8g、水 6mL 和醋酸 0.5g 置于装有搅拌器和温度计的 50mL 三口瓶中，80℃搅拌 15min[5]，然后缓慢加入对硝基苯甲酸乙酯[6]，于 80℃剧烈搅拌 3h[7]。冷却到 40℃，过滤，滤饼用水洗涤至中性，将滤渣移入 100mL 烧杯中，加乙醇分三次热提取（12mL 一次，5mL 两次），于 70℃水浴上加热，搅拌 5min 过滤，合并三次的滤液。加 10％硫化钠溶液一滴，检查有无铁离子，若有，再加硫化钠溶液至不再有黑色沉淀产生为止（此时需过滤），加活性炭，加热 15min 脱色，趁热过滤，滤液浓缩至 5mL，冷却，析出晶体，过滤，用少量 70％左右的稀醇洗涤，得白色结晶，必要时用稀醇进行重结晶 [W（粗品）∶V（醇）＝1∶5]，本品的熔点 91～92℃。用 TLC 检测纯度，计算收率。

【注释】

[1] 这一步是除去未反应的对硝基甲苯和铬酸，将铬酸变成氢氧化铬后除去。

[2] 酸不能反加到滤液中，否则生成的沉淀包含杂质，影响产物的纯度。

[3] 若沉淀没有完全溶解，说明酯化还未进行完全，可视情况酌量补加硫酸和乙醇再继续回流。

[4] 必须剧烈振摇，使油层乳化，这样冷却后析出的结晶颗粒细，以后用碳酸钠处理时易除去酸，否则会结块用碳酸钠不易处理。

[5] 先加热 15min 的目的是使 Fe 活化，同时生成催化剂 $Fe(Ac)_2$。

[6] 对硝基苯甲酸乙酯加入时反应放热，如加料速度快，则导致冲料。

[7] 铁粉重，必须剧烈搅拌才能使之不沉积在烧瓶底部，使反应完全。

【思考题】

1. 用重铬酸盐氧化时，除生成对硝基苯甲酸外，可能还有哪些副产物存在，如何分离及充分利用？

2. 试述酯化反应的基本原理，指出做好酯化反应的关键在哪里？在纯化酯化产物时应注意哪些问题？

3.28 阿魏酸哌嗪盐和阿魏酸川芎嗪盐的合成

【实验目的】

1. 熟悉药物拼合原理及其应用。
2. 掌握中药有效成分的结构修饰原理及其在新药开发中的应用。
3. 掌握阿魏酸哌嗪、阿魏酸川芎嗪的制备原理及操作方法。

【实验原理】

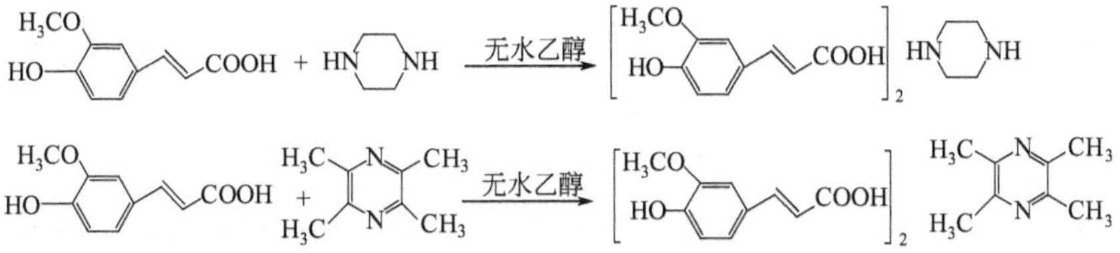

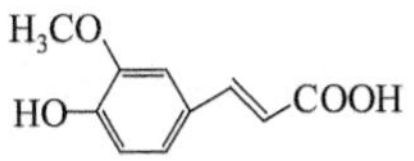

阿魏酸分子结构中含有羧基和酚羟基，具有较强的酸性。阿魏酸较难溶于冷水，可溶于热水、乙醇、乙酸乙酯，易溶于乙醚。为增加阿魏酸的溶解度，以便于注射给药，同时结合药物拼合原理，人们利用阿魏酸的酸性，将其与无机碱（如 NaOH）、有机碱（如哌嗪、川芎嗪）等成盐，得到了阿魏酸钠、阿魏酸哌嗪、阿魏酸川芎嗪等盐类修饰物。

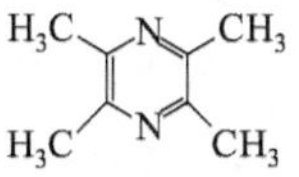

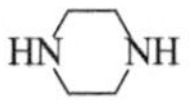

【仪器与试剂】

磁力搅拌器，100mL 圆底烧瓶，250mL 烧杯，布氏漏斗，抽滤瓶；六水合哌嗪，盐酸川芎嗪，无水乙醇，阿魏酸。

【实验方法】

1. 阿魏酸哌嗪盐的合成

在圆底烧瓶中加入阿魏酸 2g(0.01mol)、无水乙醇 15mL，加热溶解。在烧杯中加入六水合哌嗪 1g(0.005mol)，加乙醇 5mL，加热溶解备用。在搅拌下将哌嗪乙醇溶液趁热加到阿魏酸乙醇溶液中，水浴温度控制在 60℃左右，再搅拌 1h，冷却，过滤，滤饼用无水乙醇洗涤。干燥得阿魏酸哌嗪盐白色针状晶体 2g 左右，收率约为 75%。熔点 157～160℃。

93

2. 阿魏酸川芎嗪盐

在圆底烧瓶中加入阿魏酸 2g(0.01mol)、无水乙醇 15mL，加热溶解。在烧杯中加入川芎嗪 0.7g(0.005mol)，加乙醇 4mL，加热溶解备用。在搅拌下将川芎嗪乙醇溶液趁热加到阿魏酸乙醇溶液中，水浴温度控制在60℃左右，再搅拌 1h，冷却，过滤，滤饼用无水乙醇洗涤。用 25％乙醇重结晶，干燥得阿魏酸川芎嗪盐白色针状晶体 2g 左右，计算收率。熔点168～170℃。

【注释】

我国中药资源丰富，从传统的中药中筛选出活性成分作为先导化合物，利用现代药物化学研究原理对先导化合物进行药物设计、合成，从中筛选出疗效更好、副作用少、生物利用度高的药物具有重要的理论意义和临床应用价值。川芎嗪（Ligustrazine, Lig）是川芎中主要活性成分，化学名为 2,3,5,6-四甲基吡嗪，简称四甲基吡嗪（Tetramethylpyrazine, TMP），现已人工合成。药理学研究表明，川芎嗪具有扩张血管、抑制血小板聚集、防止血栓形成、改善脑缺血等多种作用。川芎嗪衍生物的研究受到了人们的高度关注。阿魏酸是当归、川芎等传统活血化淤中草药的主要有效成分之一，现已人工合成。药理学研究表明，具有抑制血小板聚集、抑制 5-羟色胺从血小板中释放、阻止静脉旁路血栓形成、抗动脉粥样硬化、抗氧化、增强免疫功能等作用。阿魏酸分子结构中含有羧基和酚羟基，具有较强的酸性。阿魏酸较难溶于冷水，可溶于热水、乙醇、乙酸乙酯，易溶于乙醚。为增加阿魏酸的溶解度，以便于注射给药，同时结合药物拼合原理，人们利用阿魏酸的酸性，将其与无机碱（如 NaOH）、有机碱（如哌嗪、川芎嗪）等成盐，得到了阿魏酸钠、阿魏酸哌嗪、阿魏酸川芎嗪等盐类修饰物。其中阿魏酸钠在临床上主要用于动脉粥样硬化、冠心病、脑血管病、肾小球疾病、肺动脉高压、糖尿病性血管病变、脉管炎等血管性病症的辅助治疗；亦可用于偏头痛、血管性头痛的治疗。阿魏酸哌嗪适用于各类伴有镜下血尿和高凝状态的肾小球疾病的治疗，以及冠心病、脑梗死、脉管炎等疾病的辅助治疗。阿魏酸川芎嗪具有抗血小板聚集、扩张微血管、解除血管痉挛、改善微循环、活血化淤作用；并对已聚集的血小板有解聚作用。

【思考题】

1. 阿魏酸哌嗪盐和阿魏酸川芎嗪盐的设计原理是什么？

2. 请思考阿魏酸哌嗪盐和阿魏酸川芎嗪盐的含量测定方法。

3. 增加难溶性药物的吸收，有哪些方法？

3.29 盐酸普鲁卡因的制备

【实验目的】

1. 熟悉盐酸普鲁卡因的合成方法。

2. 熟悉酯化、还原等单元反应的原理。

3. 掌握利用水和二甲苯共沸脱水的原理进行羧酸的酯化操作。

4. 掌握水溶性大的盐类用盐析法进行的分离操作和精制方法。

【实验原理】

盐酸普鲁卡因为局部麻醉药，作用强，毒性低。临床上主要用于浸润、脊椎及传导麻醉。盐酸普鲁卡因化学名为对氨基苯甲酸-2-二乙氨基乙酯盐酸盐。盐酸普鲁卡因为白色细微针状结晶或结晶性粉末，无臭，味微苦而麻。熔点 153～157℃。易溶于水，溶于乙醇，微溶于氯仿，几乎不溶于乙醚。

【仪器与药品】

搅拌器，电热套恒温水浴锅，冰浴锅，三口瓶，球形冷凝管，分水器，克氏蒸馏头，真空接收管，圆底瓶，布氏漏斗，吸滤瓶；对硝基苯甲酸，2-二乙氨基乙醇，二甲苯，铁粉，食盐，保险粉。

【实验方法】

1. 对硝基苯甲酸-2-二乙氨基乙酯（硝基卡因）的制备

在装有温度计、分水器及回流冷凝器的 125mL 三口瓶中，投入对硝基苯甲酸 5g、2-二乙氨基乙醇 3.5g、二甲苯[1] 35mL 及止爆剂，油浴加热至回流（注意控制温度，油浴温度约为 180℃，内温约为 145℃），共沸带水3h[2]。撤去油浴，稍冷，将反应液倒入150mL锥形瓶中，放置冷却，析出固体。将上清液用倾泻法转移至减压蒸馏烧瓶中，水泵减压蒸除二甲苯[3]，残留物以3%盐酸36mL溶解，并与锥形瓶中的固体合并，过滤，除去未反应的对硝基苯甲酸[4]，滤液（含硝基卡因）备用。

2. 对氨基苯甲酸-β-二乙氨基乙酯（普鲁卡因）的制备

将上步得到的滤液转移至装有搅拌器、温度计的125mL三口瓶中，搅拌下用20%氢氧化钠调pH 4.0～4.2。充分搅拌下，于25℃分次加入经活化的铁粉[5]，反应温度自动上升，注意控制温度不超过70℃（必要时可冷却）[6]，待铁粉加毕，于40～45℃保温反应2h。抽滤，滤渣以少量水洗涤两次，滤液以稀盐酸酸化至pH 5。滴加饱和硫化钠溶液调pH 7.8～8.0，沉淀反应液中的铁盐，抽滤，滤渣以少量水洗涤两次，滤液用稀盐酸酸化至pH 6[7]。加少量活性炭，于50～60℃保温反应10min，抽滤，滤渣用少量水洗涤一次，将滤液冷却至10℃以下，用20%氢氧化钠碱化至普鲁卡因全部析出（pH9.5～10.5），过滤，得普鲁卡因，备用。

3. 盐酸普鲁卡因的制备

（1）成盐 将普鲁卡因置于烧杯中[8]，慢慢滴加浓盐酸至pH5.5[9]，加热至60℃，加精制食盐至饱和，升温至60℃，加入适量保险粉，再加热至65～70℃，趁热过滤，滤液冷却结晶，待冷至10℃以下，过滤，即得盐酸普鲁卡因粗品。

（2）精制 将粗品置烧杯中，滴加蒸馏水至维持在70℃时恰好溶解。加入适量的保险粉[10]，于70℃保温反应10min，趁热过滤，滤液自然冷却，当有结晶析出时，外用冰浴冷却，使结晶析出完全。过滤，滤饼用少量冷乙醇洗涤两次，干燥，得盐酸普鲁卡因，熔点153～157℃，以对硝基苯甲酸计算总收率。

【注释】

[1] 羧酸和醇之间进行的酯化反应是一个可逆反应。反应达到平衡时，生成酯的量比较少（约45%），为使平衡向右移动，需向反应体系中不断加入反应原料或不断除去生成物。本反应利用二甲苯和水形成共沸混合物的原理，将生成的水不断除去，从而打破平衡，使酯化反应趋于完全。由于水的存在对反应产生不利的影响，故实验中使用的药品和仪器应事先干燥。

〔2〕将分水反应时间定为 3h，若延长反应时间，收率尚可提高。

〔3〕也可不经放冷，直接蒸去二甲苯，但蒸馏至后期，固体增多，毛细管堵塞操作不方便。回收的二甲苯可以套用。

〔4〕对硝基苯甲酸应除尽，否则影响产品质量，回收的对硝基苯甲酸经处理后可以套用。

〔5〕铁粉活化的目的是除去其表面的铁锈，方法是：取铁粉 23g，加水 50mL、浓盐酸 0.35mL，加热至微沸，用水倾泻法洗至近中性，置水中保存待用。

〔6〕该反应为放热反应，铁粉应分次加入，以免反应过于激烈，加入铁粉后温度自然上升。铁粉加毕，待其温度降至 45℃进行保温反应。在反应过程中铁粉参加反应后，生成绿色沉淀 $Fe(OH)_2$，接着变成棕色 $Fe(OH)_3$，然后转变成棕黑色的 Fe_3O_4。因此，在反应过程中应经历绿色、棕色、棕黑色的颜色变化。若不转变为棕黑色，可能反应尚未完全。可补加适量铁粉，继续反应一段时间。

〔7〕除铁时，因溶液中有过量的硫化钠存在，加酸后可使其形成胶体硫，加活性炭后过滤，便可使其除去。

〔8〕盐酸普鲁卡因水溶性很大，所用仪器必须干燥，用水量需严格控制，否则影响收率。

〔9〕严格掌握 pH5.5，以免芳氨基成盐。

〔10〕保险粉为强还原剂，可防止芳氨基氧化，同时可除去有色杂质，以保证产品色泽洁白，若用量过多，则成品含硫量不合格。

【思考题】

1. 在盐酸普鲁卡因的制备中，为何用对硝基苯甲酸为原料先酯化，然后再进行还原，能否反之，先还原后酯化，即用对氨基苯甲酸为原料进行酯化？为什么？

2. 酯化反应中，为何加入二甲苯作溶剂？

3. 酯化反应结束后，放冷除去的固体是什么？为什么要除去？

4. 在铁粉还原过程中，为什么会发生颜色变化？说出其反应机制。

5. 还原反应结束，为什么要加入硫化钠？

6. 在盐酸普鲁卡因成盐和精制时，为什么要加入保险粉？解释其原理。

3.30　维生素 K₃的制备

【实验目的】

　　1. 熟悉氧化反应和加成反应的原理。

　　2. 掌握本实验中氧化、加成反应的特点，熟悉操作过程。

【实验原理】

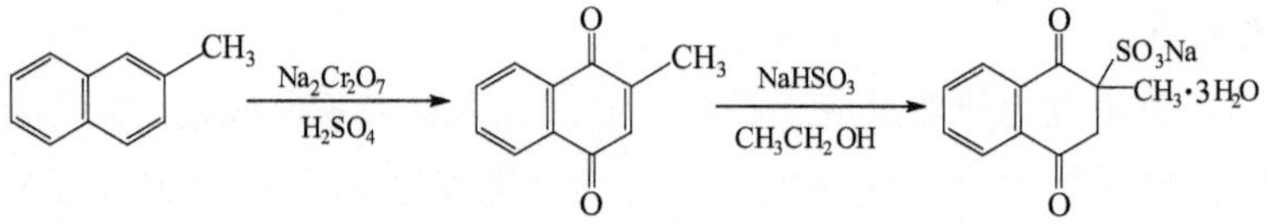

【仪器与药品】

　　搅拌器，恒温水浴锅，三口瓶，球形冷凝管，滴液漏斗，吸滤瓶，布氏漏斗，锥形瓶；2-甲基萘，重铬酸钠，浓硫酸，丙酮，亚硫酸氢钠，95％乙醇。

【实验方法】

　　1. 甲萘醌的制备

　　称取 2.5g 2-甲基萘，并量取 13mL 丙酮加入装有搅拌器、冷凝管和滴液漏斗的 150mL 三口瓶中，搅拌至溶解。将 13g 重铬酸钠溶于 2mL 水中与 15g 浓硫酸混合后在 40℃以下慢慢滴加至三口瓶中，加毕，于 40℃反应 30min，然后将水浴温度升至 60℃反应 1h。趁热将反应物倾入 100mL 水中，使甲萘醌完全析出，抽滤，并水洗抽干。

　　2. 维生素 K₃的制备

　　在附有搅拌装置、冷凝管的 50mL 三口瓶中加入 3mL 水和 1.5g 亚硫酸氢钠，搅拌使溶解，加入湿品甲萘醌，在 38～40℃水浴中搅拌均匀，加入 4mL 95％乙醇继续搅拌反应 45min，待反应完全（这时取反应液少许滴入纯化水中能全部溶解），再加入 4mL 95％乙醇，搅拌 30min，冷却至 10℃以下，使结晶析出，过滤，结晶用少许冷乙醇洗涤抽干，得维生素 K₃粗品。

　　3. 精制

　　粗品放入锥形瓶中加 4 倍量 95％乙醇及少许亚硫酸氢钠（0.1g），在 70℃以下溶解，加入粗品量 1.5％的活性炭。水浴 68～70℃保温脱色

98

15min，趁热过滤，滤液冷至10℃以下，析出结晶，过滤，结晶用少量冷乙醇洗涤，抽干，70℃以下干燥，得精品维生素 K_3，熔点105～107℃。

【注意事项】

1. 药物合成中常采用 Beckmann 氧化剂 [$K_2Cr_2O_7$] ： [H_2SO_4] ： [H_2O] 来氧化酚、芳胺及多环芳烃成醌，因为重铬酸钾的溶解度较小，可用重铬酸钠来代替。所以本实验用重铬酸钠/硫酸/水作为氧化剂。在氧化过程中必须注意温度的控制，温度过高，氧化剂局部浓度过大，会导致氧化进一步进行，引起侧链氧化，甚至环的断裂，使产率降低。

2. 第二步加成反应温度控制也很重要，不要超过40℃。因为加成后的产物维生素 K_3在受到光和热的作用下，会引起降解转化：

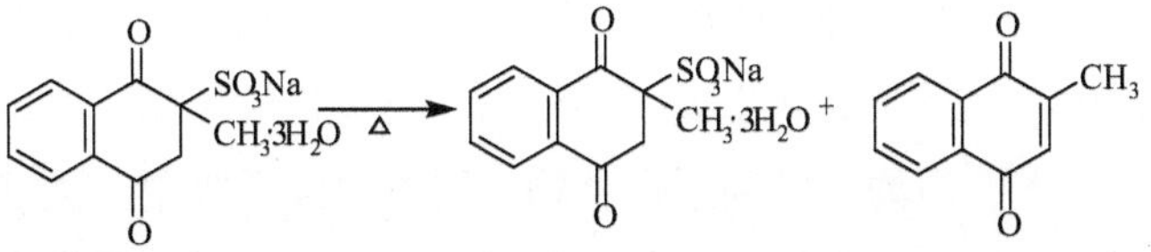

3. 最后重结晶要在乙醇中加少许亚硫酸氢钠，因为溶液中存在下列平衡过程：

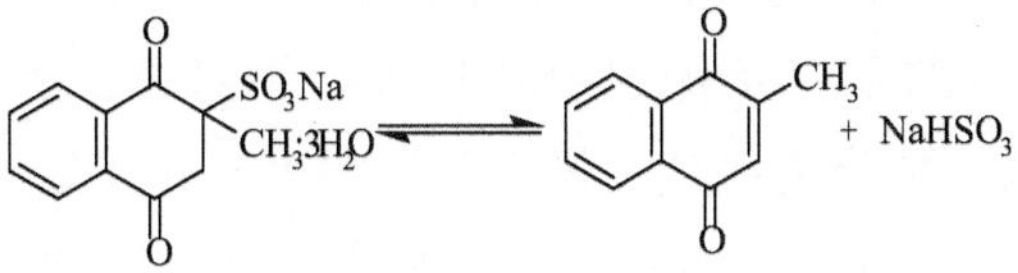

在遇到酸、碱或空气中氧时，都会使亚硫酸氢钠分解，则平衡被破坏，2-甲基-1,4-萘醌析出，产率降低。

【思考题】

1. 药物合成中常用的氧化剂有哪些？本反应中硫酸与重铬酸钠属于哪种类型的氧化剂？

2. 氧化和加成反应中为什么要控制温度，温度高了对产品有什么影响？

3. 为什么重结晶时要在95%乙醇中加入少许亚硫酸氢钠？

3.31　大孔吸附树脂分离皂苷

【实验目的】

1. 掌握大孔吸附树脂的性质和使用原理。

2. 学习用大孔吸附树脂分离天然亲水性成分的工艺过程以及工艺参数优化方法。

【实验原理】

本实验采用 D101 型大孔吸附树脂提取分离白头翁中的皂苷。

白头翁[1]中主要含有皂苷类成分。大孔吸附树脂是一种不含交换基团的具有大孔结构的高分子吸附剂，是一种亲脂性物质，具有各种不同的表面性质，依靠分子中的亲脂键、偶极离子及氢键的作用，可以有效地吸附具有不同化学性质的各种类型化合物，同时也容易吸附。大孔吸附树脂按极性强弱分为极性、中极性和非极性三种。大孔吸附树脂具有吸附速度快，选择性好，吸附容量大，再生处理简单，机械强度高等优点。根据反相色谱和分子筛原理，对大分子亲水性成分吸附力弱，对非极性物质吸附力强，适用于亲水性和中等极性物质的分离，可除去混合物中的糖和低极性小分子化合物，被分离组分间极性差别越大，分离效果越好，一般用水、含水甲醇或乙醇洗脱，最后用浓醇或丙酮洗脱，再生时用甲醇或乙醇浸泡洗涤即可。

【仪器与试剂】

索氏提取器，电子天平，恒温水浴，硅胶薄层板，色谱柱，层析缸，大孔吸附树脂；乙醇，白头翁粗粉，正丁醇，醋酸，乙醚，蒸馏水，活性炭。

【实验方法】

1. 大孔吸附树脂的预处理

取 D101 型大孔吸附树脂 30g 于 250mL 索氏提取器中，用 75mL 乙醇回流 3h，待回流液 1 份加 3 份水无浑浊，取出树脂沥干乙醇，放入蒸馏水中浸泡待用。

2. 皂苷的提取

取粉碎后得到的白头翁药材粗粉 5g，加入 20mL 工业酒精回流 2h，过滤，再重复提取一次，合并滤液，回收乙醇至 1～2mL，加 5mL 乙醚沉淀，倒出上清液，过滤，沉淀用水溶解，活性炭脱色、过滤、滤液上柱。

3. 色谱分离

取一根玻璃柱，下端塞上棉花，湿法装入已处理好的 5g 大孔吸附树脂，上端加上少许棉花，取总皂苷液上柱，用水 20mL 洗脱，再用 20％、50％、95％乙醇各 20mL 洗脱，至洗脱液中不含皂苷，收集各洗脱液。洗脱液 20％乙醇、50％乙醇部分各 1mL 于水浴加热蒸发浓缩至 0.2mL，点样；95％部分于水浴回收至小体积（约 3mL）点样用。

4. 产品的薄层色谱鉴定

色谱材料：硅胶薄层板。

点样：20％乙醇浓缩液、50％乙醇浓缩液、95％乙醇浓缩液。

展开剂：正丁醇-醋酸-水（4：1：1）。

显色：10％硫酸液，105℃显色。

【注释】

[1] 白头翁（*Pulsatilla chinenesis*）为常用传统中药，其味苦，性寒，有清热解毒、凉血止痢等功效，现代药理学研究表明其具有抗阿米巴原虫、抗菌、抗滴虫、抗肿瘤作用。

【思考题】

1. 配制展开剂时为什么要充分摇匀？

2. 用乙醚沉淀时为什么要一边搅拌一边倒入乙醚使沉淀完全？

3.32　大枣中多糖的提取

【实验目的】

1. 学习多糖的提取分离方法及工艺。

2. 熟悉萃取、离心、蒸发、干燥等单元操作。

3. 掌握苯酚-硫酸法鉴定多糖的方法。

【实验原理】

多糖化合物作为一种免疫调节剂，能激活免疫细胞，提高机体的免疫功能，而对正常的细胞没有毒副作用，在临床上用来治疗恶性肿瘤、肝炎等疾病。大分子植物多糖如淀粉、纤维素多不溶于水，且在医药制剂中仅用作辅料成分，无特异的生物活性。而目前所研究的多糖，因其分子量较小，多可溶于水，因其极性基团较多，故难溶于有机溶剂。多糖的提取方法通常用以下三种。

（1）直接溶剂提取法　这也是传统的方法，在我国已有几千年的历史，如中药的煎煮，中草药有效成分的提取。该方法具有设备简单、操作方便、适用面广等优点。但具有操作时间长，对不同成分的浸提速率和分辨率不高、能耗过高等缺点。

（2）索氏提取法　在有效成分提取方面曾经有过较为广泛的应用，其提取原理：在索氏提取法中，基质总是浸泡在比较纯的溶剂中，目标成分在基质内、外的浓度梯度比较大；在回流提取中，溶液处于沸腾状态，溶液与基质间的扰动加强，减少了基质表面流体膜的扩散阻力，根据费克扩散定律，由于固体颗粒内外浓度相差比较大，扩散速率较高，达到相同浓度所需时间较短，且由于每次提取液为新鲜溶剂，能提供较大的溶解能力，所以提取率较高。但索氏提取法溶解每循环一次所需时间较长，不适合于高沸点溶剂。

（3）新型提取方法　随着科学技术的发展，出现了一些新的提取方法和新的设备，如超声波提取、微波提取以及与膜分离集成技术，极大地丰富了中草药药用成分提取理论。此外还有透析法、柱色谱法、分子筛分离法及中空纤维超滤法等。

【仪器与试剂】

721 分光光度计，电热恒温水浴锅，电子天平，真空干燥箱，电动搅拌箱，低速离心机，旋转蒸发仪，水循环式真空泵，家用多功能粉碎机，锥形瓶，量筒，容量瓶，试管，移液管，玻璃棒，烧杯；无水乙醇，浓硫酸，苯酚（常压蒸馏，收集 182℃馏分）。

【实验方法】

1. 大枣多糖的提取

① 将大枣烘干、粉碎，称取枣粉 5g，装入 100mL 的锥形瓶中，并加入 100mL 的蒸馏水。

② 开动磁力搅拌器搅拌，在 80℃恒温水浴提取 3h。

③ 将大枣提取液离心，得到上清液，并定容于 100mL 容量瓶中，从中移取 10mL 装入试管中，以备鉴定。

④ 剩余上清液在 45℃用旋转蒸发仪减压浓缩至原提取溶液体积的 1/2，浓缩液中加入 110mL 无水乙醇溶液使乙醇含量达到 70%，静置 2h 后离心分离，收集多糖沉淀，加入多糖沉淀 2 倍体积的无水乙醇洗涤，离心分离后将沉淀物放入 45℃真空干燥箱，干燥至恒重得到大枣粗多糖。

⑤ 提取率计算：提取率＝(干燥大枣粗多糖重量/原枣粉重量)×100%。

2. 多糖鉴定

① 5%的苯酚溶液的配制：取苯酚 50g，加铝片 0.05g 和碳酸氢钠 0.02g，蒸馏收集 182℃馏分，称取此馏分 13g，加水 235g，置于棕色瓶放入冰箱备用。

② 移取大枣多糖提取液三份各 1mL，标为 1 号、2 号、3 号样，分别定容于 25mL、50mL、100mL 容量瓶中。

③ 分别移取 1 号、2 号、3 号多糖溶液 0.5mL 于 5mL 试管中，然后依次加入 0.8mL 5%的苯酚溶液、3.5mL 浓硫酸，振荡摇匀后冷却至室温，观察颜色变化。

第 4 章　常用溶剂的纯化及毒性

4.1　溶剂的纯化

对于纯度的要求没有统一的标准。不同用途所需要的溶剂纯度是不同的，100％的纯溶剂液只是相对的。对于纯度的定义是这样的：一种原料如果不含有足以影响其原有的使用用途的含量的混杂物就是足够纯净的。纯化溶剂时应注意以下几点：

① 在任何情况下都不能使用钠、其他活泼金属或金属氧化物去干燥酸性的、卤化的液体或化合物。

② 除非能保证其含水量很低，否则在一般溶剂（如硫酸钠）进行粗糙的干燥之前，不能用强干燥剂（例如 Na，CaH_2，$LiAlH_4$，H_2SO_4，P_2O_5）。

③ 在对醚类或其他溶剂进行蒸馏或干燥之前，要检测并除去其所含的过氧化物。因为过氧化物危险，而且大多醚都不应该长时间暴露于光和空气中。

④ 应牢记很多溶剂都是有毒的，也有可能是累积性的毒物（例如苯），要避免吸入。而且除了已知的不燃烧的溶剂之外，还要避免接近火焰。

⑤ 高纯度溶剂最好储存于一个充满惰性气体的、塞封的玻璃容器中。如果塞封不太实际，应该在液体表面上维持一定的充满惰性气体的压力。有些溶剂如果用一个有塞子的容器塞紧并封上石蜡，可以储存很长时间。

常用溶剂的纯化方法介绍如下。

(1) 乙酸（bp 118℃）

商业乙酸（99.5％）含有羰基化合物，可用 2‰～5‰的高锰酸钾或过量的三氧化二铬回流除去，然后蒸馏。微量的水可用由含硼的酸和 Ac_2O 在 60℃ 加热制得的三乙酰硼酸盐处理，然后冷却并过滤晶体；或者也可用 P_2O_5 蒸馏除去。

（2）丙酮（bp 56.2℃）

丙酮常含有少量的水及甲醇、乙醛等还原性杂质，一般情况下很难干燥，与很多常用的干燥剂都会发生反应，甚至 $MgSO_4$ 等。4A 分子筛能够很好地除去少量的水，也可用磷酸钙、碳酸钾。加入 $KMnO_4$ 回流可以除去甲醇、乙醛等杂质。其纯化方法如下。

① 于 250mL 丙酮中加入 2.5g 高锰酸钾回流，若高锰酸钾紫色很快消失，再加入少量高锰酸钾继续回流，至紫色不褪为止。然后将丙酮蒸出，用无水碳酸钾或无水硫酸钙干燥，过滤后蒸馏，收集 55～56.5℃ 的馏分。用此法纯化丙酮时，须注意丙酮中含还原性物质不能太多，否则会过多消耗高锰酸钾和丙酮，使处理时间增长。

② 将 100mL 丙酮装入分液漏斗中，先加入 4mL 10％ 硝酸银溶液，再加入 3.6mL 1mol/L 氢氧化钠溶液，振摇 10min，分出丙酮层，再加入无水硫酸钾或无水硫酸钙进行干燥。最后蒸馏收集 55～56.5℃ 馏分。此法比方法①要快，但硝酸银较贵，只宜为得到小量高纯度的丙酮。

③ 在 25～30℃ 用干燥的 NaI 使其饱和，把溶液倒入容器内并在 −10℃ 下冷却，析出 NaI 络合物的晶体，过滤后加热至 30℃，蒸馏最后得到的溶液。

（3）乙腈（bp 81.6℃）

常用方法如乙酸的干燥。预先干燥后如果还潮湿，加 CaH_2 搅拌至没有气体生成。加入 P_2O_5（≤5g/L）在充满气体、高回流比的仪器中回流至少 1h，慢慢蒸馏，为了减少杂质的含量，去掉前 5％ 和最后 10％ 的馏出物。

（4）氨（bp −33.4℃）

干燥的氨可以通过把钠溶解在其中，然后蒸馏得到。该过程最好在一个真空的高压金属系统中完成。室温下，氨的蒸气压约为 10atm。

（5）芳香烃

高纯度的苯可以从乙醇和甲醇中结晶析出，然后蒸馏得到。也可以加入硫酸（约100mL/L）振荡或搅拌，然后除去酸层，重复操作，最后把苯慢慢倒入烧瓶中蒸馏。而其中存在的噻吩、烯烃杂质和水都可以由硫酸除去。

甲苯（bp 110.6℃）、二甲苯也可以用相似的方法处理，但是在用硫酸处理的过程中需要冷却，因为这类烃有更活泼的磺化作用。

（6）叔丁醇（bp 82℃）

重结晶后，从氧化钙中蒸馏得到的醇类纯度很高（mp 25.4℃）。

（7）二硫化碳（bp 46.2℃）

这种易燃、有毒液体必须小心处理。蒸馏时要小心，用水浴加热，温度控制在稍高于二硫化碳的沸点处，若要除掉硫杂质，加入汞摇匀，再加入冷的饱和氯化汞溶液，最后加入冷的饱和高锰酸钾、干燥的五氧化二磷，然后蒸馏。

（8）四氯化碳（bp 76.5℃）

要想除去四氯化碳中的二硫化碳，可以通过搅拌含有高浓度KOH、酒精含量约为10%的热的四氯化碳。然后用水洗涤，用二氯化钙干燥，然后加入五氧化二磷，蒸馏。

（9）氯仿（bp 61.2℃）

大部分氯仿都含有1%的乙醇作为光气稳定剂，可以使用以下任何一种方法来分离提纯。然后储存于黑暗的氮气氛围中。

① 加入硫酸振荡，用水洗涤，然后用二氯化钙或者碳酸钾干燥，最后蒸馏。

② 通过活性氧化铝柱（约25g/500mL氯仿）。

③ 加入氯仿体积一半的水振荡几次，用二氯化钙干燥，然后加入五氧化二磷，蒸馏。

（10）二乙基醚（bp 34.5℃）

除非以"无水"字样开头，否则醚类都应该检测过氧化物并作相应处理。醚可以通过储存在金属钠丝中并蒸馏而充分干燥。然而从$LiAlH_4$（或CaH_2）中蒸馏是目前最有效的方法。为了最佳结果，醚在使用前应从氢化物中蒸馏。

（11）二乙二醇二甲基醚（bp 161℃）

痕量的水和酸性物质可以通过与Na、K或CaH_2回流，或者与Na、

K、CaH_2 或 $LiAlH_4$ 混合放置后蒸馏除去。该反应可以被与熔融的钾剧烈搅拌而加速。实际上完全无水的乙二醇二甲醚是用 Na-K 合金在低温下干燥（直到有特征的蓝色出现），直到使用时蒸馏得到。

此外，乙二醇二甲醚可以与苯甲酮和 Na-K 合金回流，然后蒸馏（如果足够干燥的话，会有蓝色出现）。

(12) N,N-二甲基甲酰胺（bp 152℃）

N,N-二甲基甲酰胺（DMF）可能含有甲酸和水，加入 $MgSO_4$ 搅拌，静置过夜，过滤，加入 CaO 或 CaH_2 回流，固体颜色由乳白色逐渐变黄，改成蒸馏装置蒸出。

(13) 二甲基亚砜（bp 189℃）

二甲基亚砜除了水以外，可能包含亚甲基硫醚和砜。加入新鲜的氧化铝、无水硫酸钙、氧化钡、氧化钙或氢氧化钠，存储一夜或更长时间。然后从氢氧化钠或氧化钡中进行减压蒸馏，最后用 4A 分子筛干燥。蒸馏时，温度不可高于 90℃，否则会发生歧化反应生成二甲砜和二甲硫醚。

(14) 1,4-二氧六环（bp 102℃）

氮气保护下，在 3L 二氧六环中加入 300mL H_2O、400mL 浓 HCl 回流 12h，冷却后，添加 KOH 颗粒直到不再溶解，分出有机层（含二氧六环层），用新制 KOH 干燥。加入钠回流过夜或直到金属保持明亮。蒸馏并储存在黑暗的 N_2 氛中。

(15) 乙醇（bp 78.3℃）

一般无水乙醇含有大约 0.1％~0.5％的水。乙醇比较普遍和便宜的形式是含 4.5％水的一个共沸混合物，称作 95％的乙醇或精馏酒精（bp 78.2℃）。乙醇吸湿性很强并且在转移过程中易吸水。因此必须使用一个严格控制的系统来制备干燥的乙醇。

乙醇中的水几乎全部除去的常用步骤如下：回流 60mL 乙醇、5g Mg 屑和几滴 CCl_4 或 $CHCl_3$（催化剂）的混合液，直到所有的 Mg 都转化为乙醇盐。再加 900mL 的乙醇回流 1h，然后蒸馏。储存于 3A 分子筛中可以使乙醇保持在 0.05％含水量。

95％乙醇中的大部分水可以通过加入生石灰 CaO 回流几小时后蒸馏除去。

（16）乙酸乙酯（bp 77.1℃）

除去大部分商业乙酸乙酯中水、乙醇和酸杂质可用5％碳酸钠溶液洗涤，然后加入浸湿的氯化钙，再加入碳酸钾干燥，然后加入五氧化二磷，蒸馏。

或于1000mL乙酸乙酯中加入100mL乙酸酐、10滴浓硫酸，加热回流4h，除去乙醇和水等杂质，然后进行蒸馏。馏液用20～30g无水碳酸钾振荡，再蒸馏。产物沸点为77℃，纯度可达99％以上。

（17）二氯乙烷（bp 83.8℃）

首先加入氢氧化铝（1g/L）振荡或者加入氢氧化钠来中和酸杂质（尤其是盐酸）。加入五氧化二磷，然后蒸馏，加入干燥剂保存。

（18）六甲基磷酸铵［bp 66℃(0.5mmHg)；127℃(20mmHg)］

除了含有水以外还含有其他的杂质。常用的纯化方法要求在加入氧化钙或氧化钡后进行真空蒸馏，然后在4A分子筛中干燥。

（19）甲醇（bp 64.5℃）

市售的甲醇大多数是通过合成的方法制得，一般纯度能够达到99.85％。其中可能含有极少量的杂质，如水和丙酮。由于水和甲醇不能形成恒沸点混合物，故无水甲醇可以通过高效精馏柱分馏得到纯品。甲醇有毒，处理时应避免吸入其蒸气。制备无水甲醇也可以参照镁制无水乙醇的方法。

（20）二氯甲烷（bp 40.8℃）

先用浓硫酸洗涤，再用碳酸水溶液和水洗涤，然后用氯化钙干燥，最后用五氧化二磷蒸馏得到纯净、干燥的试剂。

（21）吗啉（bp 128℃）

先用无水硫酸钙干燥，然后慢慢蒸馏即可得到纯净的试剂。加入钠进行存储。

（22）硝基烷

市售的C_1～C_3硝基烷都可以用氯化钙或五氧化二磷干燥，然后小心进行蒸馏得到纯净的试剂。高纯度硝基甲烷也可以通过重结晶得到（mp−28.6℃）。

（23）硝基苯（bp 211℃）

硝基苯的杂质主要是硝基甲苯，二硝基苯，苯胺，二硝基噻吩等。加入浓硫酸，水蒸气蒸馏，馏出液加入 $CaCl_2$ 干燥，充分振荡，过滤，加入 BaO、P_2O_5、$AlCl_3$、Al 等减压蒸馏，也可以重结晶（乙醇）方法得到。还可以加入五氧化二磷干燥，再进行蒸馏纯化。硝基苯是无色的，如果不纯，五氧化二磷迅速变色；否则即使长时间与五氧化二磷接触也不会有明显的颜色变化。

（24）哌啶（bp 106℃）

加入片状氢氧化钠、氢氧化钾或者金属钠进行干燥，然后小心蒸馏。馏出物会部分结晶，将晶体重新蒸馏结晶，会得到更加纯净的试剂。

（25）丙醇（bp 97.4℃）

异丙醇是常见杂质，用每升醇中添加 1.5mL 的 Br_2，再加入无水 K_2CO_3，蒸馏即可。

（26）异丙醇（bp 82.4℃）

与水形成共沸混合物（9％的水，沸点 80.3℃），可用在石灰中回流并蒸馏的方法干燥。异丙醇可以形成过氧化物，可通过加固体 $SnCl_2$ 回流的方法破坏。也可以参照用镁纯化甲醇办法得到很干燥的溶剂。在要求不严格情况下，使用无水硫酸钙蒸馏可以得到满意的纯度。

（27）吡啶（bp 115.3℃）

干燥的氢氧化钾颗粒可以延长放置时间，然后通过氧化钡蒸馏。因为其是一种非常容易吸湿的溶剂，所以其除湿过程一定要非常小心。

（28）饱和烃

普通的化合物，比如戊烷、己烷、环己烷、甲基环己烷，都可能含有杂质烯烃和/或芳香化合物，有些可能含有硫化合物，摇动混有浓硫酸和硝酸的饱和烃，重复 2～3 次，用水洗，用金属钠、五氧化二磷或氯化钙干燥，蒸馏。加入活性氧化铝除去任何不饱和类杂质。

（29）环丁砜（噻吩烷）（bp 283℃）

酸性杂质用活性氧化铝除去。重复用氢氧化钠进行减压蒸馏直到有 1mL 的样品在添加 1mL 的 100％硫酸之后在 5min 之内不变色，最后用 CaH_2 蒸馏，除去残余的水分。

（30）二氧化硫（bp −10.1℃）

通过浓硫酸，除去水分和三氧化硫杂质。处理过程中推荐使用真空的或其他封闭的系统。

(31) 硫酸 (bp 约 305℃)

100％硫酸可以很方便地通过将足够多的发烟硫酸加入到 96％的酸中使水转化为硫酸的方法制备。为了检查结果，用小型的橡胶注射器将一些潮湿的空气注入酸中。如果酸中包含过量的三氧化硫，将出现雾状。

(32) 四氢呋喃 (bp 66℃)

四氢呋喃与水能混溶，并常含有少量水分及过氧化物。如要制得无水四氢呋喃，可用氢化铝锂在隔绝潮气下回流 (通常 1000mL 约需 2～4g 氢化铝锂) 除去其中的水和过氧化物，然后蒸馏，收集 66℃的馏分 (蒸馏时不要蒸干，将剩余少量残液倒出)。精制后的液体加入钠丝并应在氮气氛中保存。处理四氢呋喃时，应先用小量进行试验，在确定其中只有少量水和过氧化物，作用不致过于激烈时，方可进行纯化。四氢呋喃中的过氧化物可用酸化的碘化钾溶液来检验。如过氧化物较多，应另行处理为宜。也可以用钠丝和二苯甲酮回流反应至深紫色，然后蒸馏出来待用。

4.2 关于毒性、危害性化学药品的知识

4.2.1 化学药品、试剂毒性分类参考举例

(1) 致癌物质 黄曲霉毒素 B_1，亚硝胺，3,4-苯并芘等 (以上为强致癌物质)，2-乙酰胺基芴，4-氨基联苯，联苯胺及其盐，3,3′-二氯联苯胺，4-氨基-4′-二甲基氨基偶氮苯，1-萘胺，2-萘胺，4-氨基联苯，N-亚硝基二甲胺，β-丙内酯，4,4′-亚甲基双 (2-氯苯胺)，乙基亚胺，氯甲基甲醚，二硝基苯，羟基镍，氯乙烯，间苯二酚，二氯甲醚等。

(2) 剧毒品 六氯苯，羟基铁，氰化钠，氢氟酸，氢氰酸，氯化氰，砷酸汞，汞蒸气，砷化氢，光气，氟光气，磷化氢，三氧化二砷，有机砷化物，有机磷化物，有机氟化物，有机硼化物，铍及其化合物，丙烯腈，乙腈等。

(3) 高毒品 氟化钠，对二氯苯，甲基丙烯腈，丙酮氰醇，二氯乙烷，三氯乙烷，偶氮二异丁腈，黄磷，三氯氧磷，五氯化磷，三氯化磷，

五氧化二磷，三氯甲烷，溴甲烷，二乙烯酮，氧化亚氮，铊化合物，四乙基铅，四乙基锡，三氯化锑，溴水，氯气，五氧化二钒，二氯化锰，二氯硅烷，三氯甲硅烷，苯胺，硫化氢，硼烷，氯化氢，氟乙酸，丙烯醛，乙烯酮，碘乙酸乙酯，溴乙酸乙酯，氯乙酸乙酯，有机氰化物，芳香胺，叠氮化钠，砷化钠等。

（4）中毒品　苯，四氯化碳，三氯硝基甲烷，乙烯吡啶，三硝基甲苯，五氯酚钠，硫酸，砷化镓，丙烯酰胺，环氧乙烷，环氧氯丙烷，烯丙醇，二氯丙醇，糖醛，三氟化硼，四氯化硅，硫酸镉，氯化镉，硝酸，甲醛，甲醇，肼（联氨），二硫化碳，甲苯，二甲苯，一氧化碳，一氧化氮等。

（5）低毒品　三氯化铝，钼酸铵，间苯二胺，正丁醇，叔丁醇，乙二醇，丙烯酸，甲基丙烯酸，顺丁烯二酸酐，二甲基甲酰胺，己内酰胺，亚铁氰化钾，铁氰化钾，氨及氢氧化铵，四氯化锡，氯化锗，对氯苯胺，硝基苯，三硝基甲苯，对硝基氯苯，二苯甲烷，苯乙烯，二乙烯苯，邻苯二甲酸，四氢呋喃，吡啶，三苯基膦，烷基铝，苯酚，三硝基酚，对苯二酚，丁二烯，异戊二烯，氢氧化钾，盐酸，丙酮等。

4.2.2 有毒化学物质对人体的危害

（1）骨骼损坏　长期接触氟可引起氟骨症。磷中毒可引起下颌改变，严重者发生下颌骨坏死。长期接触氯乙烯可导致肢端溶骨症，即指骨末端发生骨缺损。镉中毒可引起骨软化。

（2）眼损害　生产性毒物引起的眼损害分为接触性和中毒性两类。接触性眼损害主要是指酸、碱及其他腐蚀性毒物引起的眼灼伤。眼部的化学灼伤救治不及时可造成终生失明。引起中毒性眼病最主要的毒物为甲醇和三硝基甲苯，甲醇急性中毒者的眼部表现有视觉模糊、眼球压痛、畏光、视力减退、视野缩小等症状；严重中毒时可导致复视、双目失明。慢性三硝基甲苯中毒的主要临床表现之一为中毒性白内障，即眼晶状体发生混浊，混浊一旦出现，停止接触不会自行消退，晶状体全部混浊时可导致失明。

（3）皮肤损害　职业性疾病中常见、发病率最高的是职业性皮肤病，其中由化学性因素引起者占多数。引起皮肤损害的化学性物质分为：原发

111

性刺激物、致敏物和光敏感物。常见原发性刺激物分为酸类、碱类、金属盐、溶剂等；常见皮肤致敏物有金属盐类（如铬盐、镍盐）、合成树脂类、染料、橡胶添加剂等；光敏感物有沥青、焦油、吡啶、蒽、菲等。常见的职业性皮肤病包括接触性皮炎、油疹及氯痤疮、皮肤黑变病、皮肤溃疡、角化过度及皲裂等。

（4）化学灼伤　化学灼伤是化工生产中的常见急症，是指由化学物质对皮肤、黏膜刺激及化学反应热引起的急性损害。按临床表现分为体表（皮肤）化学灼伤、呼吸道化学灼伤、消化道化学灼伤、眼化学灼伤。常见的致伤物有酸、碱、酚类、黄磷等。某些化学物质在致伤的同时可经皮肤黏膜吸收引起中毒，如黄磷灼伤、酚灼伤、氯乙酸灼伤，甚至引起死亡。

（5）职业性肿瘤　职业性肿瘤是指接触职业性致癌性因素而引起的肿瘤。国际癌症研究机构（IARC）1994 年公布了对人肯定有致癌性的 63 种物质或环境。致癌物质有苯、钛及其化合物、镉及其化合物、六价铬化合物、镍及其化合物、环氧乙烷、砷及其化合物、α-萘胺、4-氨基联苯、联苯胺、煤焦油沥青、石棉、氯甲醚等；致癌环境有煤的气化、焦炭生产等场所。我国 1987 年颁布的职业病名单中规定石棉所致肺癌、间皮瘤；联苯胺所致膀胱癌；苯所致白血病；氯甲醚所致肺癌；砷所致肺癌、皮肤癌；氯乙烯所致肝血管肉瘤；焦炉工人肺癌和铬酸盐制造工人肺癌为法定的职业性肿瘤。

毒物引起的中毒易造成多器官、多系统的损害。如常见毒物铅可引起神经系统、消化系统、造血系统及肾脏损害；三硝基甲苯中毒可出现白内障、中毒性肝病、贫血等。同一种毒物引起的急性和慢性中毒，症状表现也有很大差别，例如，苯急性中毒主要表现为对中枢神经系统的麻醉，而慢性中毒主要表现为造血系统的损害。此外，有毒化学物质对机体的危害，尚取决于一系列因素和条件，如毒物本身的特性（化学结构、理化特征），毒物的剂量、浓度和作用时间，毒物的联合作用，个体的感受性等。总之，机体与有毒化学物质之间的相互作用是一个复杂的过程，中毒后的表现千变万化，了解和掌握这些过程和表现，无疑将有助于我们对化学物质中毒的防治。

4.3 常见溶剂的理化性质及毒性

(1) 正丁烷

化学名：正丁烷（丁烷）；分子式：C_4H_{10}；英文名称：n-butane；CAS：106-97-8。

理化性质 在常压常温下为无色、有轻微不愉快的气味，相对分子质量58.12，沸点$-0.5℃$，熔点$-138.4℃$。相对密度0.58，蒸气相对密度2.05（空气为1），蒸气压（0℃）106.39kPa，闪点$-60℃$，易溶于水、醇、氯仿；在常温下化学性质稳定，能从较低处扩散到相当远处，遇明火会燃；与空气混合物能形成爆炸性混合物，遇热源和明火有爆炸的危险；与氧化剂接触产生剧烈反应，燃烧产物为一氧化碳、二氧化碳。

毒性 侵入途径以吸入为主。大鼠、小鼠吸入4h 658g/m³，人吸入10min 23.73g/m³后有嗜睡、头晕，严重者昏迷。

救治与处理 急性吸入者迅速脱离现场移至安静凉爽、通风良好处，用毛巾毯使其保持温暖，保持呼吸道畅通。如呼吸困难，应输氧；如呼吸停止，立即进行人工呼吸。

预防措施 禁止在实验室吸烟、进食和饮水，加强相关设备的密闭性和通风排气，定期检修，杜绝跑、冒、滴、漏，接触者应戴自吸过滤式防毒面具。加强健康教育，普及防毒知识，做好定期健康检查，注意个人清洁卫生。如遇泄漏，应迅速疏散人员，限制出入，尽可能切断泄漏源、火源。用工业覆盖层或吸附剂盖住漏点附近的下水道等，防止漏气进入；合理通风，加速扩散。应妥善处理漏气容器，经修复、检验后再用。灭火时在切断气源前，不许熄灭正在燃烧的气体；喷水冷却容器，尽量将容器从火场移至空旷处；使用雾水、泡沫、二氧化碳、干粉灭火。

(2) 正己烷

化学名：正己烷（己烷）；分子式：C_6H_{14}；英文名：n-hexan；CAS：110-54-3。

理化性质 常温常压下为无色透明、微有异味的液体，相对分子质量86.16，沸点68.7℃，熔点68.7℃，相对密度0.659，闪点$-23℃$以下，燃点260℃；溶于醇和醚，难溶于水；常温常压下化学性质稳定，但在高温和适当的催化条件下可发生反应；正己烷的商品常含有一定量的苯和其他烃。

毒性 属低毒类，侵入途径主要是吸入、食入。大鼠急性经口 LD_{50} 287.3g/kg。毒性作用是引起麻醉及刺激皮肤黏膜，长期接触则引起多发生性周围神经病，毒性机制是体内代谢产物之一，即 2,5-己二酮引起神经纤维内的能量内代谢障碍或纤维内结构的功能异常，并最终可能导致多发生性周围神经病。

救治与处理 尽量脱离现场，解宽上衣，注意保暖。立即进行对症治疗，如间歇给氧、心脏复苏等措施。对于慢性中毒，应使用综合疗法，保证患者足够营养，活血化瘀、通络补肾的中药，辅助针灸、理疗和四肢运动等功能锻炼。

预防措施 禁止在实验场所吸烟、进食和饮水，加强相关设备的密闭性和通风排气，定期检修，杜绝跑、冒、滴、漏，接触者应戴自吸过滤式防毒面具。加强健康教育，普及防毒知识，做好定期健康检查，注意个人清洁卫生。如遇泄漏，应迅速疏散人员，限制出入，尽可能切断泄漏源、火源。用工业覆盖层或吸附覆盖漏点附近的下水道等，防止漏气进入；合理通风，加速扩散。散后应妥善处理漏气容器，经修复、检验后再用。灭火时在切断气源前，不许熄灭正在燃烧的气体；喷水冷却容器，尽量将容器从火场移至空旷处；使用雾水、泡沫、二氧化碳、干粉灭火。

（3）环己烷

化学名：环己烷（己烷）；英文名：cyclohexane；分子式：C_6H_{12}；CAS：110-82-7。

理化性质 无色、汽油味、易燃液体，属于脂环烃，存在于某些石油中，不溶于水，能与乙醇、乙醚、丙酮、苯、四氯化碳等混溶，能与氧化剂发生反应，相对分子质量 84.16，熔点 6.5℃，沸点 80.7℃，闪点 -20℃（闭杯），自燃点 260℃，蒸气相对密度 2.9（空气为1），蒸气压（42℃）13.33kPa（100mmHg），相对密度 0.7991。蒸气与空气混合爆炸极限1.33%～8.4%。

毒性 低毒，侵入途径主要是呼吸道、消化道，经皮肤吸收极微。对中枢神经系统有抑制，高浓度时有麻醉作用。人的嗅觉阈为 1.75mg/m³，大鼠经口 LD_{50} 为 12.705g/kg；其蒸气对黏膜有刺激作用。涂布于兔皮肤，出现发红、发干、皲裂、起疱，未见到经皮肤吸收作用，大量涂布可引起肝肾损伤。

救治及处理 按一般急救原则处理，主要是对症治疗，注意肺部功能，防止皮肤损伤。

预防措施 蒸气和空气易形成爆炸性混合物，生产设备要密封，防止物料泄漏，操作人员要佩戴好防护面具。失火时，用干粉灭火，用水灭火无效。用铁桶或镀锌铁桶包装，仓储运输应严格按一级易燃液体规格执行。定期对其环境中的浓度进行检测，使之控制在 PC-TWA 250mg/m³、PC-STEL 375mg/m³ 范围内。

（4）萘

化学名：萘；英文名：naphthalene；分子式：$C_{10}H_8$；CAS：91-20-3。

理化性质 有特殊煤焦油味，易挥发并升华，从焦油中分离出来的白色鳞片状晶体，爆炸极限 0.9%～5.9%。难溶于水，易溶于乙醇、乙醚等有机溶剂，相对分子质量 128.17，熔点 80.6℃，沸点 219.9℃，闪点 87.8℃，相对密度 1.15。

毒性 低毒，主要侵入途径是呼吸道和消化道。小鼠大量吸入，可导致溶血性贫血，血红蛋白尿、肾功能损伤、视神经炎和白内障。小鼠吸入 5 个月 60～500mg/m³，条件反射发生紊乱，尸检见支气管黏膜损伤肺泡上皮增生，淋巴细胞浸润和血管周围水肿。萘的人体吸收与体内分布较快，进入人体后会引起眼睛和呼吸道刺激，神经功能、皮肤、血液系统损伤等症状。

救治及处理 急性中毒者脱离现场，保持呼吸通畅，予以精神安慰，对症处理。慢性者针对改善神经衰弱等类似苯中毒处理原则，辅助对症治疗。

预防措施 禁止在实验场所吸烟、进食和饮水，加强相关设备的密闭性和通风排气，定期检修，杜绝跑、冒、滴、漏，接触者应戴自吸过滤式防毒面具。加强健康教育，普及防毒知识，做好定期健康检查，定期进行环境中萘的浓度检测，使之控制在 PC-TWA 50mg/m³、PC-STEL 75 mg/m³ 范围内。

（5）松节油

化学名：松节油；英文名：turpentine oil；分子式：$C_{10}H_{16}$；CAS：

8006-64-2。

理化性质　无色或者微带黄色、有特殊臭味的液体，是萜烯类混合物，主要组分是蒎烯和苎烯，具有特殊的化学活性。相对分子质量是136.24，沸点153～175℃，相对密度0.86，蒸气相对密度4.6，在空气中易氧化，闪点33℃，不易溶于水，能与醇、油、苯、氯仿、醚、二硫化碳等混溶。

毒性　经呼吸、皮肤迅速吸收，具有中等致死危害，对眼睛、皮肤等有刺激，全身作用包括对肾和膀胱的损害。人接触$4.2～5.57g/m^3$数小时，眼有刺激感、头痛、眩晕、恶心及脉搏加快。吸入1～4h $10.5g/m^3$，可发生中毒；口服松节油150mL可致死亡。

救治及处理　急性中毒应该立刻离开现场，按一般急救处理原则，给予对症支持疗法。眼污染立即冲洗15min。皮肤污染立即脱去被污染的衣服，并用肥皂水和清水洗净皮肤，皮炎者应酌情治疗。

预防措施　尽量避免人体接触，使用场所应加强通风，必要时应用局部通风设施。

（6）一甲胺

化学名：一甲胺；英文名：monomethylamine；分子式：CH_5N；CAS：74-89-5。

理化性质　有氨气味的无色气体，易溶于水、醇、乙醇、乙醚等，能吸收空气中的水汽。蒸气能与空气形成爆炸性混合物。相对分子质量31.06，熔点−93.5℃，沸点−6.3℃，相对密度0.6628（20℃）；碱性，遇酸易生成盐。是蛋白分解时的产物，也可以在天然产物中发现。可由甲醛水溶液与氯化铵作用制取。

毒性　中等毒性，有腐蚀性，侵入途径可经皮肤、眼、呼吸道、消化道等。对皮肤和黏膜有刺激作用，特别对眼睛和呼吸器官作用更强。刺激强度与浓度有关，其盐类的刺激性与毒性较甲胺微弱。

救治与处理　立即脱离现场并转移至上风区，脱去被污染的衣服，用大量流动清水尽快冲洗被污染的皮肤和衣服，眼部接触冲洗时间至少10min。刺激反应者需卧床休息严密观察至少48h，保持呼吸道畅通，可给予药物雾化吸入、支气管痉挛剂、去泡沫剂。必要时，应尽早行气管切开术。注意体位引流，鼓励患者咯出坏死黏膜组织。尽早、足量、短程应用糖皮质激素，中度及重者中度时可联合应用莨菪碱类药物。根据病情选择合适的给氧方法，改善换气功能，纠正酸、碱中毒和电解质紊乱，积极防治并发症。

预防措施 加强工作场所中生产设备的密闭性和通风排气，定期检修设备，杜绝跑、冒、滴、漏；安全操作，实验场所禁止烟火、饮食和饮水。加强健康教育，普及防毒知识。如遇泄漏，应迅速疏散人员，限制出入，尽可能切断泄漏源头。

处理措施 用工业覆盖层或者吸附剂覆盖泄漏点附近的下水道等，防止漏气进入；合理通风，加速扩散，喷洒雾水以稀释、溶解，漏源筑堤或者挖坑，如有可能，应将漏气排风机送至空旷处或者装设喷头烧毁。善后应妥善处理漏气容器，经修复、检查后再用。灭火时，在切断气源前，不许熄灭正在燃烧的气体；喷水冷却容器，尽量将容器从火场移至空旷处；使用雾水、泡沫、二氧化碳干粉灭火。定期检查工作场所空气中的一甲胺浓度，使之控制在 PC-TWA 5mg/m³、PC-STEL 10mg/m³ 范围内。

（7）二甲胺

化学名：二甲胺；分子式：C_2H_7N；英文名：dimethylamine；CAS：124-40-3。

理化性质 常温常压下无色气体，浓时有氨气味，稀时有烂鱼味，易溶于水、乙醇、乙醚等，能吸收空气中的水汽。蒸气能与空气形成爆炸性混合物。相对分子质量 45.09，熔点－92.2℃，沸点 6.9℃，相对密度 0.68（20℃），蒸气相对密度 1.55（空气1），蒸气压（10℃）202.65kPa，闪点－17.8℃。遇热源和明火有燃烧爆炸的危险，与氧化剂接触会猛烈反应。能加速扩散，遇明火可燃。燃烧产物为一氧化碳、二氧化物、氧化氮。

毒性 低毒，侵入途径为吸入、食入、经皮肤吸收。对眼睛有刺激。

救治与处理 参照一甲胺的救治与处理。

预防措施 参照一甲胺的预防措施。定期进行环境中二甲胺的浓度监测，使之控制在 PC-TWA 5mg/m³、PC-STEL 10mg/m³ 范围内。

（8）三甲胺

化学名：三甲胺（N,N-二甲基甲胺）；英文名：trimethylamine；分子式：C_3H_9N；CAS：75-50-3。

117

理化性质 常温常压下无色气体，有氨气味或有咸鱼腥味，易溶于水、乙醇，蒸气能与空气形成爆炸性混合物（爆炸极限 2%～11.6%）。相对分子质量 59.11，熔点－117.1℃，沸点 2.87℃，相对密度 0.6709（0℃/4℃），蒸气相对密度 2.0（空气 1），蒸气压（2.9℃）101.38kPa，闪点－6.67℃，自燃点 190℃。强碱性，腐蚀铜、锡、锌和其他合金，遇热源和明火有燃烧爆炸的危险，加热分解放出有毒的氮氧化物，与氧化剂接触反应，不能与环氧乙烷共存。

毒性 毒性较一甲胺、二甲胺低，侵入途径以呼吸道进入为主，亦可由消化道与皮肤吸收。浓溶液可致接触部位皮肤潮红，伴剧烈烧灼痛。清洗后 2h 内仍有灼痛。对皮肤、黏膜有明显的刺激作用。

救治与处理 参照一甲胺的救治与处理，对症处理，无特效药。

预防措施 参照一甲胺的预防措施。

(9) 乙胺

化学名：乙胺（氨基乙烷）；英文名：ethylamine、aminoethane；分子式：C_2H_7N；CAS：75-04-7。

理化性质 常温常压下为无色、有氨气味气体或液体，相对分子质量 45.09，熔点－80.9℃，沸点 16.6℃，相对密度 0.70（20℃），蒸气相对密度 1.56（空气 1），蒸气压 53.32kPa（20℃），闪点低于－17.8℃。易溶于水、乙醇、乙醚等，蒸气能与空气形成爆炸性混合物。遇热源和明火有燃烧爆炸的危险，与氧化剂接触会猛烈反应。能加速扩散，遇明火可回燃。燃烧产物为一氧化碳、二氧化物、氧化氮。

毒性 侵入途径为吸入、食入、经皮肤吸收。对眼睛有刺激。

救治与处理 参照一甲胺的救治与处理。

预防措施 参照一甲胺的预防措施。定期进行环境中乙胺浓度的检测，使之控制在 PC-TWA 9mg/m³、PC-STEL 18mg/m³。

(10) 三乙胺

化学名：三乙胺（N,N-二乙基乙胺）；英文名：triethylamine；分子式：$C_6H_{15}N$；CAS：121-44-8。

理化性质 常温常压下无色油状、有强烈氨臭的液体，相对分子质量 101.19，熔点－114.8℃，沸点 89.5℃，相对密度 0.70（20℃），蒸气相对密度 3.48（空气 1），蒸气压 8.80kPa（20℃），闪点低于 0℃。易溶于水、乙醇、乙醚等，蒸气能与空气形成爆炸性混合物。遇热源和明火有燃烧爆炸的危险，与氧化剂接触会猛烈反应。能加速扩散，遇明火可燃。燃烧产物为一氧化碳、二氧化物、氧化氮。

毒性 侵入途径为吸入、食入、经皮肤吸收。对眼睛有刺激。

临床表现 与前述一甲胺类似，对呼吸道有强烈刺激性，吸入可引起肺水肿甚至死亡。误服后腐蚀口腔、食道及胃。眼睛及皮肤有化学灼伤。

诊断 根据明确的接触史、急性呼吸系统损伤的典型临床表现、胸部X射线表现、结合血气分析等其他检查结果，参与调查分析，并排查其他病因所知类似疾病后，方可诊断。

救治与处理 参照一甲胺的救治与处理。

预防措施 参照一甲胺的预防措施。

（11）叔丁胺

化学名：叔丁胺（特丁胺；2-氨基-2-甲基丙胺；1,1-二甲基乙胺）；英文名：*tert*-butylamine、1,1-dimethylethylamine；分子式：$C_4H_{11}N$；CAS：75-64-9。

理化性质 常温常压下无色油状、有强烈氨味液体，相对分子质量73.14，熔点-72.6℃，沸点44.5℃，相对密度0.69，蒸气相对密度2.5（空气1），蒸气压（25℃）45.32kPa，闪点低于-8.8℃。易溶于水、乙醇、丙酮等，蒸气能与空气形成爆炸性混合物。遇热源和明火有燃烧爆炸的危险，与氧化剂接触会猛烈反应。能加速扩散，遇明火可回燃。如遇高热，容器内压增大，有开裂和爆炸的危险。燃烧产物为一氧化碳、二氧化碳、氧化氮。

毒性 高毒，侵入途径有吸入、食入、经皮吸收。

诊断 根据明确的接触史、急性呼吸系统损伤的典型临床表现、胸部X射线表现、结合血气分析等其他检查结果，参与调查分析，并排查其他病因所知类似疾病后，方可诊断。

救治与处理 参照一甲胺的救治与处理。

预防措施 参照一甲胺的预防措施。

（12）乙二胺

化学名：乙二胺（二氨基乙烷）；英文名：ethylenediamin；分子式：$C_2H_8N_2$；CAS：107-15-3。

理化性质　常温常压下无色油状、有强烈氨味、有吸湿性的稠厚液体，相对分子质量 60.1，熔点 8.5℃，沸点 116～117℃，相对密度 0.898，蒸气相对密度 2.07（空气 1），蒸气压 1.43kPa（20℃），闪点低于 43.33℃。易溶于水、乙醇。如含有少量水，溶于苯，微溶于乙醚，随水蒸气挥发，25% 水溶液的 pH 值 11.9，能腐蚀铜和铜合金，从空气中吸收二氧化碳生成非挥发性的碳酸盐，遇热、明火、氧化剂易燃，着火时生成一氧化碳、氮氧化物等气体，能与乙酸、乙酸酐、氯磺酸、丙烯酸、盐酸、二硫化碳等发生激烈反应，与氯代有机化合物接触引起着火。

毒性　侵入途径是呼吸道、消化道及皮肤吸收。蒸气对皮肤黏膜有强烈刺激作用，液体有腐蚀作用，并有致敏作用。人在 490mg/m³ 时，面部有刺痛感，鼻黏膜有轻度刺激；980mg/m³ 时，鼻黏膜感觉难以忍受的刺激。

救治与处理　过量者脱离现场，至新鲜空气处；眼睛或者皮肤被污染时立即用大量清水冲洗；对症处理。

预防措施　参照一甲胺预防措施，定期进行环境中乙二胺的浓度检测，使之控制在 PC-TWA 4mg/m³、PC-STEL 10mg/m³ 范围内。

(13) 乙醚

化学名：乙醚；英文名：ethyl ether；分子式：$C_4H_{10}O$；CAS：60-29-7。

理化性质　无色透明、高度挥发、极易燃烧并有特殊气味的液体。相对分子质量 74.12，相对密度（25℃/4℃）0.708，沸点 34.6℃，蒸气相对密度 2.55（空气 1），20℃时水中溶解度为 6.9%，与醇类、苯、氯仿、石油醚和其他脂肪溶液及多种油类可混溶；日光下与空气接触能形成有爆炸性的过氧化物。

毒性　乙醚主要作用于中枢神经系统，引起全身麻痹。对呼吸道有轻微的刺激作用。乙醚经呼吸道吸入，在肺泡很快被吸收，由血液迅速进入脑和脂肪组织中。吸入的乙醚，有 87% 未经变化从呼气中排出，1%～2% 从尿中排出。停止接触后，血液中乙醚含量很快下降，而在脂肪组织中仍保持相当高的浓度。乙醚对人的麻痹浓度为 109.28～196.95g/m³（3.6%～6.5%），212～303g/m³（7%～10%）可引起呼吸抑制，当浓度超过 303g/m³ 时，可引起生命危险。小鼠的 LC_{50} 为 127.48g/m³。

救治与处理　合理通风，将该物质储存在阴凉通风的场所，与氧化剂分开存放。个人防护，戴手套，穿防护服，戴化学防目镜。短时大量接触乙醚发生中毒症状，一旦脱离现场，经对症下药方可恢复。

预防措施　定期进行环境中的浓度检测，使之控制在 PC-TWA 300mg/m³、PC-STEL 500mg/m³ 范围内。使用乙醚时，要求通风良好，运输和储存要防火。与强氧化剂分开放，保持阴凉干燥，储存在阴凉处。个人防护：有明显的神经系统疾病、器质性神经病、严重的皮肤病和肾脏疾病者不应接触。若有大量乙醚蒸出时，除防毒措施外，还应重视防火和防爆。

（14）丙酮

化学名：丙酮；英文名：acetone；分子式：C_3H_6O；CAS：67-64-1。

理化性质　无色透明、易挥发、有特殊愉快气味。相对分子质量 58.08，相对密度 0.7920（20℃）、0.7898（4℃），熔点 −94.3℃，沸点 56.2℃，闪点 −9.4℃（开杯），挥发度在室温下为 117 mg/L，与水、醇类、氯仿和大多数油类相互熔，能溶解油脂、树脂和橡胶。

毒性　属于低毒类，主要经呼吸道和消化道吸收，也可缓慢经皮肤吸收。主要损害神经中枢系统，具有麻醉作用，对肝、脏器、肾胃等也有可能损害。蒸气对眼睛和呼吸道有刺激作用，吸收入血后迅速分布全身。人体主要代谢分解为乙酰醋酸和转化成糖原的三羧酸中间体。大剂量进入体内时，主要以原形经呼吸道及尿液排出，少量经皮肤排出，皮肤长期反复接触可引起皮炎，液体可使皮肤脱脂。

救治与处理　大量吸入发生中毒时，应立即移离现场，呼吸新鲜空气，必要时进行人工呼吸；眼睛、皮肤受污染时，立即用水冲洗，同时用肥皂水清洗皮肤；误食时进行催吐、洗胃。

预防措施　操作现场要保持良好通风，做好个体防护；生产现场应装备安全信号指示器；人员上岗和岗位期间定期职业健康检查。保持工作场所中丙酮浓度应控制在 PC-TWA 300mg/m³、PC-STEL 450mg/m³ 范围内。

（15）丁酮

化学名：丁酮（甲基乙基甲酮）；英文名：2-butanone（methy ethyl ketone；MEK）；分子式：C_4H_8O；CAS：78-93-3。

121

理化性质　无色液体、有类似丙酮的气体。相对分子质量72.11，相对密度0.81，熔点-85.9℃，沸点79.6℃，蒸气压（20℃）9.49kPa，爆炸极限1.7%～11.4%，易燃，遇明火、与氧化剂接触会反应，有燃烧爆炸的危险，其蒸气比空气重，能向低处扩散，遇明火可燃。溶于水、乙醇、乙醚，混溶于油类。

救治及处理　吸入者迅速脱离现场至空气新鲜处，保暖并休息。必要时进行人工呼吸，呼吸困难时应吸氧。误食者立即漱口，意识不清者不诱导呕吐，尽快送到医院治疗。主要为对症支持治疗。皮肤接触者脱去被污染的衣服，用肥皂水及清水冲洗。眼部接触立即翻开上、下眼睑，用清水流动冲洗。

预防措施　要保持良好通风，做好个体防护；生产现场应装备安全信号指示器；人员上岗和岗位期间定期职业健康检查。保持工作场所中丁酮浓度应控制在PC-TWA 300mg/m³、PC-STEL 450mg/m³范围内。

（16）2-戊酮

化学名：2-戊酮；英文名：2-pentanone；分子式：$C_5H_{10}O$；CAS：107-87-9。

理化性质　无色液体，具有类似丙酮或乙醚的味道。溶于醇和醚，微溶于水，能形成亚硫酸氢盐的加成化合物。相对分子质量86.13，相对密度（20℃）0.809，熔点-76.8℃，沸点102.3℃，折射率（20℃）1.3895，闪点7.2℃（开杯），蒸气压（20℃）1.53kPa。易燃，有较大的燃烧危险，能形成爆炸性的蒸气-空气混合物，有起火和爆炸的危险。

毒性　具有中等毒性，经呼吸道、消化道和皮肤吸收。主要刺激眼睛、皮肤及黏膜。

救治及处理　吸入者迅速脱离现场至空气新鲜处，保暖并休息。必须时进行人工呼吸，呼吸困难时应吸氧。误食者立即漱口，意识不清者不诱导呕吐，尽快送到医院治疗。主要为对症支持治疗。皮肤接触者脱去被污染的衣服，用肥皂水及清水冲洗。眼部接触立即翻开上、下眼睑，用清水流动冲洗。

预防措施　操作现场要保持良好通风，做好个体防护；生产现场应装备安全信号指示器；人员上岗和岗位期间定期职业健康检查。保持工作场所中其浓度应控制在PC-TWA 705mg/m³、PC-STEL 880mg/m³范围内。

(17) 四氟化碳

化学名：四氟化碳；英文名：carbon tetra fluoride (tetrafluoro methaneo)；分子式：CF_4；CAS：75-73-0。

理化性质 无色、无味气体，相对分子质量 88，相对密度 1.89（-183℃液体），熔点 184℃，沸点-127.7℃。化学性质稳定，不活泼。不燃，具窒息性，若遇高热，容器内压增大，有开裂和爆炸危险。有害产物是氟化氢。

毒性 经呼吸道吸入，对呼吸道有刺激，高浓度时具有麻痹作用。

预防措施 生产过程要密闭，全面通风。操作人员必须经专业培训，严格遵守操作规格。避免高浓度吸入，进入罐、限制性空间或者其他高浓度作业区，须有人监护。远离易燃物、可燃物。防止气体泄漏到工作场所的空气中。避免与氧化剂接触。做好就业前和上岗前的检查。

(18) 硝基甲苯

化学名：2-硝基甲苯（邻硝基甲苯；硝基甲苯）；英文名：2-nitrotoluene o-nitrotoluene；分子式：$C_7H_7NO_2$；CAS：88-72-2。

理化性质 黄色至无色液体，有特殊气味，相对分子质量 137.14，相对密度（25℃/4℃）1.16，熔点-10℃，沸点 222℃，闪点 95℃（闭杯），蒸气压 0.02kPa。在空气中爆炸极限 1.47%～8.8%。不溶于水，能溶于绝大多数有机溶剂及油脂。易燃，遇明火、高热或与氧化剂接触有引起燃烧、爆炸的危险；受热分解生成氮氧化物和一氧化碳。

毒性 低毒毒性。可经呼吸道、消化道、皮肤吸收。在体内形成高铁血红蛋白的能力较硝基苯弱。

预防措施 贯彻三级防护原则，注意个人防护，定期进行职业健康检查。

(19) 硝基苯

化学名：硝基苯（密斑油，苦杏仁油）；英文名：nitrobenzene、oil of mirbane；分子式：$C_6H_5NO_2$；CAS：98-95-3。

理化性质 淡黄色具有苦杏仁的油状液体，相对分子质量 123.11，相对密度（25℃/4℃）1.205，熔点 5.7℃，沸点 210.9℃，闪点 87.78℃（闭杯），自燃点 482.22℃，蒸气相对密度 4.259（空气为1），蒸气压 0.13kPa。在空气中爆炸极限 1.8%～40.0%。难溶于水，易溶于乙醇、乙醚、苯和油。易燃，遇明火、高热有引起燃烧、爆炸的危险；燃烧时生成腐蚀性氮氧化物。

毒性　属于中等毒类，硝基苯污染皮肤后的吸收率为 2mg/(cm² · h)，其蒸气可同时经皮肤和呼吸道吸收，在体内滞留率达 80%，在体内经还原、转化为对氨基酚，少量氧化成对硝基酚。转化物有 28% 与硫酸结合，10%～15% 与葡萄糖醛酸结合经肾脏排出。可经呼吸道、消化道、皮肤吸收。在体内主要引起高铁血红蛋白血症、溶血性贫血及肝脏损伤。对眼睛有轻度刺激性，皮肤接触由于刺激或者过敏可产生皮炎。

救治与处理　吸入者迅速脱离现场至空气新鲜处，保暖并休息。皮肤接触者脱去被污染的衣服，用 5% 醋酸溶液清洗被污染皮肤，再用大量肥皂水和清水洗，应特别注意冲洗手足和指甲等部位。眼部被污染时提起眼睑，用大量流动水或盐水冲洗，急救原则与一般内科急救原则相同。对抗高铁血蛋白血症，纠正缺氧，保护肝脏功能，严格掌握液体进入量及电解质的变化，碱化尿液，少量应用肾上腺糖皮质激素，严重者应改用输血治疗、血液净化疗法。

预防治疗　贯彻三级防护原则，保持工作场所中其浓度应控制在 PC-TWA2mg/m³、PC-STEL 5mg/m³ 范围内。注意个人防护，作业场所应该贴警示标志。加强健康教育，工作场所禁止吸烟、进食和饮水，及时换洗工作服，工作前后不许饮酒。进行上岗前、离岗时和在岗时定期健康检查。

(20) 苯胺

化学名：苯胺；英文名：aniline、aminobenzene；分子式：C_6H_7N；CAS：62-53-3。

理化性质　无色或者浅黄色透明油状液体，有特殊臭味。相对分子质量 93.13，相对密度 1.022，熔点 −6.2℃，沸点 184.4℃，蒸气压 2.00kPa (20℃)，闪点（闭杯）70℃，爆炸极限 1.2%～8.3%，微溶于水，溶于醇、醚，与苯、氯仿及大多数有机溶剂混溶，能溶解多种物质。

毒性　属于中等毒性。急性毒性。可经呼吸道、消化道及皮肤吸收。以皮肤接触吸收为主要中毒途径。在体内有 15%～60% 氧化为对氨基酚，约有 10%～15% 与葡萄糖醛酸结合，有 28% 与硫酸结合经尿排出。苯胺的毒性作用特征主要为形成高铁血红蛋白，造成机体组织缺氧，引起中枢神经系统、心血管系统和其他脏器的一系列损伤。

救治与处理 吸入者迅速脱离现场至空气新鲜处，保暖并休息。皮肤接触者脱去被污染的衣服，用5％醋酸溶液清洗被污染皮肤，再用大量肥皂水和清水洗，应特别注意冲洗手足和指甲等部位。眼部被污染时提起眼睑，用大量流动水冲洗或用盐水，急救原则与一般内科急救原则相同。可用小剂量美蓝（1～2mg/kg）静脉注射，同时给予大量维生素C及含糖饮料、维生素B_{12}、辅酶A、细胞色素C等，美蓝有协同作用。重点保护肾脏功能，碱化尿液，应用适量肾上腺糖皮质激素，严重者应输血治疗，必要时用换血疗法或血液净化疗法。

预防措施 贯彻三级防护原则，保持工作场所中其浓度应控制在PC-TWA 3mg/m³、PC-STEL 7.5mg/m³ 范围内。注意个人防护，作业场所应该贴警示标志。加强健康教育，工作场所禁止吸烟、进食和饮水，及时换洗工作服、定期进行健康检查。

（21）乙二醇

化学名：乙二醇；英文名：ethylene glycol、1，2-ethanediol；分子式：$C_2H_6O_2$；CAS：107-21-1。

理化性质 无色、无味、具有甜味和吸湿性的黏滞液体，相对分子质量62.07，相对密度1.13（20℃），熔点5.7℃，沸点197.6℃，蒸气相对密度2.14（空气为1），蒸气压0.007kPa（20℃）。能溶于水、乙醇、丙酮。遇明火、高热引起燃烧，与氧化剂可反应。若遇高热，容器内压增大，有开裂和爆炸的危险。

毒性 大多数经皮肤吸收，也可经呼吸道及消化道吸收。人体暴露在乙二醇蒸气浓度140mg/m³下，可引起咳嗽。吸入较高浓度乙二醇，可致上呼吸道刺激、嗜睡、麻醉等症状。有饮用乙二醇的防冻剂引起中毒致死的报告。饮用30～50mL含乙二醇的防冻剂可致轻度中毒，饮用100mL可致死。一般饮后2～13h出现中毒症状，轻者有暂时性麻醉，重者引起肾脏损害。

救治与处理 皮肤接触：脱去被污染的衣服，用大量流动清水充分冲洗；眼睛接触：用流动清水或者生理盐水冲洗眼睑；吸入：迅速脱离现场至空气新鲜处，保持呼吸畅通。如呼吸困难，及时输氧；如呼吸停止，立即进行人工呼吸并送往医院；误服：饮用大量温开水并致呕吐、洗胃排泄。对中毒者及时使用 4-甲基吡啶、叶酸及叶酸盐、乙醇等解毒剂。必须加强护理，积极治疗，预防重要脏器的衰竭，尤其是脑水肿和肾功能衰竭，并进行对症治疗。

预防措施　保持工作场所中其浓度应控制在 PC-TWA 20mg/m³、PC-STEL 40mg/m³ 范围内。注意个人防护，加强健康教育，工作场所禁止吸烟、进食和饮水，及时换洗工作服，工作前后不许饮酒。进行上岗前、离岗时和在岗时的定期健康检查。

(22) 苯甲醛

化学名：苯甲醛（安息香醛）；英文名：benzaldehyde；分子式：C_7H_6O；CAS：100-52-7。

理化性质　无色油状液体，具有苦杏仁味，相对分子质量 106.12，相对密度 1.0458，熔点 −26.2℃，沸点 179.1℃，爆炸下限 1.4%，微溶于水，溶于乙醇、乙醚、氯仿等，易被空气或其他氧化剂氧化成苯甲酸。与碱共热转变成苯甲醇和苯甲酸。

毒性　主要经肠道吸收、呼吸吸收。在体内可氧化成苯甲酸，与甘氨酸结合成马尿酸排出，对眼睛和上呼吸道黏膜有一定刺激作用，对神经中枢系统有抑制作用，对皮肤有脱脂作用，人误食 50g 可致中毒死亡。

预防措施　因本品挥发性较低，作业场所空气中浓度一般不足以引起严重危害。但需加强设备维修和保养，严格操作规程，注意通风排气，并加强眼睛和皮肤个体防护，以防意外发生。

(23) 二氯甲烷

化学名：二氯甲烷；英文名：dichloromethane、methylene chlorid；分子式：CH_2Cl_2；CAS：75-09-2。

理化性质　无色透明易挥发液体、有刺激性香味。相对分子质量 84.93，相对密度（15℃/4℃）1.335，熔点 −96.7℃，沸点 40～41℃，蒸气压 58.66kPa（25℃），自燃点 615℃，蒸气密度 2.93g/L，不易燃烧，爆炸极限 6.2%～15.0%，微溶于水，溶于乙醇、乙醚。与明火或灼热物接触时能产生剧毒光气。长时间与水一起加热至 180℃ 生成甲酸、一氯甲烷、甲醇、氯化氢、一氧化碳。与强氧化剂、强碱和化学性质活泼的金属反应引起着火和爆炸。有害的燃烧产物是一氧化碳、二氧化碳、氯化氢、光气。

毒性　低毒。主要经呼吸道、消化道和皮肤进入机体。但皮肤吸收较少。吸收后大部分以原态经肺排出，仅小部分在体内去卤转化。生成一氧化碳，而血红蛋白含量较高。由于本品在体内经生物转化不断释放出一氧化碳，致使血中碳氧血红蛋白的生物半衰期比由一氧化碳中毒所致的碳氧血红蛋白长2倍。二氯甲烷可完全分布，在体内无积蓄，经呼吸道和肾排出。

救治与处理　无特殊解毒药，主要对症下药。迅速使患者脱离现场，移到空气新鲜处，注意保暖，静卧休息。密切观察病情，减少外界刺激。保持呼吸道畅通，及时给予输氧。预防脑水肿、肺水肿，配合保肝脏治疗。高氧治疗对降低血中碳氧血红蛋白增高有效。

预防措施　工作场所中其浓度应控制在 PC-TWA 200mg/m³、PC-STEL 300mg/m³ 范围内。注意个人防护，作业场所应该贴警示标志。加强健康教育，工作场所禁止吸烟、进食和饮水，及时换洗工作服，工作前后不许饮酒。进行上岗前、离岗时和在岗时的定期健康检查。禁止有中枢神经系统紊乱、贫血、酒精中毒、肝脏病者接触二氯甲烷。严格按照易燃、易爆炸物品的储运存放，以免受热爆炸产生剧毒的光气。

(24) 氯仿

化学名：三氯甲烷（氯仿）；英文名：chloroform、trichloromethane；分子式：$CHCl_3$；CAS：67-66-3。

理化性质　无色透明易挥发液体、气味似醚。相对分子质量 119.38，相对密度（15℃/4℃）1.4984，熔点 −63.5℃，沸点 61.26℃，蒸气压（25℃）26.66kPa，蒸气密度 4.12g/L，微溶于水，溶于乙醇、苯、石油醚、四氯化碳、乙醚、二硫化碳。与明火或灼热物接触时能产生剧毒光气。氯仿在光的作用下，能被空气氧化产生光气和氯化氢。

毒性　中等毒性。主要经过呼吸道、消化道和皮肤进入机体，经消化道快速吸收。氯仿进入机体后，迅速广泛分布于全身组织，在体脂、脑、肝、肾的含量相对较高，部分可进入乳汁，还可通过胎盘进入胚胎。在体内生物转化的最初产物是三氯甲醇，进一步脱氯形成光气，中间产物有二氯甲烷、一氯甲烷和甲醛。氯仿具有麻醉和抑制作用。麻醉作用引起中枢神经系统症状；抑制作用是抑制血管运动中枢和心脏致使血压下降，心脏骤停，因休克和心室颤动而死亡；也可抑制呼吸中枢，出现呼吸系统疾病。由于氯仿在体内代谢的中间产物光气致使发生谷胱甘肽耗竭和脂质过氧化过程，引起肝、肾损伤。此外，氯仿对皮肤有脱脂作用，对眼睛有刺激作用。

救治与处理　无特殊解毒药，主要对症下药。迅速使患者脱离现场，移到空气新鲜处，注意保暖，静卧休息。密切观察病情，减少外界刺激。保持呼吸道畅通，及时给予输氧。酌情使用呼吸兴奋剂。及早使用保肝、心、肾等药物。如出现心脏骤停应立即心脏复苏，急救时忌用肾上腺素和吗啡。

预防措施　工作场所中其浓度应控制在 PC-TWA 20mg/m³、PC-STEL 40mg/m³ 范围内。注意个人防护，作业场所应该贴警示标志。加强健康教育，工作场所禁止吸烟、进食和饮水，及时换洗工作服，工作前后不许饮酒。进行上岗前、离岗时和在岗时的定期健康检查。禁止有中枢神经系统紊乱、贫血、酒精中毒、肝脏病者接触氯仿。严格按照易燃、易爆炸物品的要求储运存放，以免受热爆炸。储存氯仿要加 1%～2% 乙醇，使生成的光气与乙醇作用生成碳酸乙酯，消除其毒性。

（25）氯乙烷

化学名：氯乙烷（乙基氯）；英文名：chloroethane、ethyl chloride；分子式：C_2H_5Cl；CAS：75-00-3。

理化性质　无色易液化气体，有类似乙醚味。相对分子质量 64.52，相对密度（20℃/4℃）0.8970，沸点（101.3kPa）12.3℃，自燃点 519℃，微溶于水，溶于乙醇、乙醚。与空气混合能形成爆炸性混合物，爆炸极限 3.16%～14.0%，氯乙烷具有刺激性。遇热、明火易燃烧和爆炸。燃烧产物是一氧化碳、二氧化碳、氯化氢、光气。其蒸气比空气重，能扩散到较远处的地方，遇明火会引起回燃。

毒性　中等毒性。主要经过呼吸道、消化道和皮肤进入机体，主要经肺部排出。具有比较弱但极为迅速的麻醉作用，并可损伤心、肝、肺、肾。皮肤接触氯乙烷液体后，常因迅速降温而造成冻伤。

救治与处理　无特殊解毒药，主要对症下药。迅速使患者脱离现场，移到空气新鲜处，保持呼吸畅通。及时给氧并按临床表现给予对症治疗，注意维持患者呼吸系统及循环系统功能。禁用肾上腺素。

预防措施　工作场所中其浓度应控制在 PC-TWA 287.4mg/m³ 范围

内。注意个人防护，作业场所应该贴警示标志。加强健康教育，工作场所禁止吸烟、进食和饮水，及时换洗工作服，工作前后不许饮酒。进行上岗前、离岗时和在岗的时定期健康检查。

(26) 四氯化碳

化学名：四氯化碳（四氯甲烷；全氯甲烷）；英文名：carbon tetra chloride、terachchloromethane；分子式：CCl_4；CAS：56-23-5。

理化性质 无色、具有特殊臭味透明液体，极易挥发，不易燃烧。相对分子质量 153.83，相对密度（20℃/4℃）1.594，沸点 76.8℃，蒸气压（25℃）13.33kPa，蒸气密度 5.3g/L，微溶于水，易溶于多种有机溶剂。与明火或灼热物接触时能产生剧毒二氧化碳、氯化氢、光气、氯气、烃类。与热的金属接触可分解为光气。

毒性 高等毒性。主要经过呼吸道、消化道和皮肤吸收，蒸气经呼吸道快速吸收，经口的液体主要是经过小肠吸收，乙醇可促进本品吸收，增强其毒性。四氯化碳进入机体后，迅速代谢，广泛分布于全身组织脏器，约有50%经肺呼出，部分从粪中排出，约20%在体内代谢转化，其中4.4%转化为二氧化碳排出。本品是典型的肝脏毒物，但影响四氯化碳作用部位及毒性是和与其接触浓度的高低和频繁有关。高浓度时神经中枢系统受损，可表现轻度中毒，随后累及脑、肝；而低浓度长期接触主要是肝肾损伤。此外，可增强心肌对肾上腺素的敏感性，可引起严重心律失常。另外无致畸性和基因突变作用，但具有胚胎毒性。

救治与处理 无特殊解毒药，主要对症下药。迅速使患者脱离现场，移到空气新鲜处，皮肤和眼睛可用2%碳酸氢钠溶液或流动的清水彻底冲洗至少15min以上；口服中毒者必须洗胃，洗胃前先用液体石蜡或植物油溶解四氯化碳；保持呼吸道畅通，尽早给氧。注意保暖，静卧休息。密切观察病情，减少外界刺激。注意神经系统和肝及肾功能情况；使用保护脑、肝、肾和促进毒物排泄的药物，有尿少、无尿时，应控制水分进入量，必须时可进行血液净化治疗；预防感染；给予高热量、高维生素及低脂饮食，预防因心室暂停和呼吸中枢麻醉而猝死，必须争分夺秒地抢救。急救时忌用肾上腺素、去甲肾上腺素及巴比妥类药物。近年国外报道及早应用乙酰半胱氨酸和谷胱甘肽，可防止或减轻肝、肾功能损伤。也有用高压氧治疗有效的报道。

129

预防措施　工作场所中其浓度应控制在 PC-TWA 15mg/m³、PC-STEL 25mg/m³ 范围内。注意个人防护，作业场所应该贴警示标志。加强健康教育，工作场所禁止吸烟、进食和饮水，及时换洗工作服，工作前后不许饮酒。进行上岗前、离岗时和在岗时的定期健康检查。禁止有中枢神经系统、心、肝、肾病者接触四氯化碳。

（27）1,1-二氯乙烷

化学名：1,1-二氯乙烷（亚乙基二氯）；英文名：ethylidene chloride、1,1-dichloromethane；分子式：$C_2H_4Cl_2$；CAS：75-34-3。

理化性质　无色、有醚味油状液体。相对分子质量 98.96，相对密度（20℃/4℃）1.175，沸点 57.28℃，闪点 -8.5℃，难溶于水，易溶于乙醇、乙醚等多种有机溶剂。比 1,2-二氯乙烷容易着火，燃烧时产生剧毒光气。在空气中的爆炸极限 5.9%～15.9%。

毒性　轻微毒性。具有麻醉作用，较氯仿为弱，吸入一定浓度可致肾损伤。本品的急性毒性较 1,2-二氯乙烷低，吸入毒性较低，对人的毒性和氯甲烷、氯仿相似。局部刺激作用强，对肝脏有损伤。

救治与处理　无特殊解毒药，主要对症给药。

预防措施　工作场所中其浓度应控制在 PC-TWA 440mg/m³ 范围内。注意个人防护，作业场所应该贴警示标志。加强健康教育，工作场所禁止吸烟、进食和饮水，及时换洗工作服，工作前后不许饮酒。进行上岗前、离岗时和在岗时的定期健康检查。

（28）1,2-二氯乙烷

化学名：1,2-二氯乙烷（对称二氯乙烷）；英文名：1,2-dichloromethane；分子式：$C_2H_4Cl_2$；CAS：107-06-2。

理化性质　无色或浅黄色透明液体，有类似氯仿的气味，味甜。相对分子质量 98.96，相对密度（20℃/4℃）1.2569，沸点 83.48℃，熔点 -35.4℃，难溶于水，易溶于乙醇、乙醚等多种有机溶剂。易燃，遇明火、高热能引起燃烧爆炸，在空气中的爆炸极限 6.20%～15.9%。受高热、高能分解产生有毒的光气。其蒸气比空气重，能在较低处扩散到相当远的地方，遇明火会着火回燃。

毒性　高等毒性。具有刺激作用，主要经过呼吸道和消化道吸收，也可皮肤吸收。口服 15～20mL 致死。吸入一定量对中枢神经系统有麻醉和抑制作用，其麻醉作用比同样吸收四氯化碳或氯仿的麻醉作用深而长，但恢复较快。同浓度可致肾损伤、肝损伤较四氯化碳轻，对黏膜有刺激作用。1,2-二氯乙烷在体内吸收后，部分以原形从呼吸道排出，少量以二氧化碳形式呼出，部分代谢产物随尿排出。

救治与处理　无特殊解毒药，主要对症给药。强调密切观察、早期发现、及时处理、防止反复的原则。急性中毒性脑水肿可持续两周左右，而且可反复突然加重，治疗应以减低颅内压为主，及早应用甘露醇、速尿及激素等，适量食用脑活素、1,6-二磷酸果糖以改善神经系统细胞功能，治疗观察时间一般不少于两周，切勿停药；禁用肾上腺素，因其可诱导致命性心律失常；注意预防肾、肝损伤。恢复期禁止饮酒和剧烈运动。

预防措施　工作场所中其浓度应控制在 PC-STEL 15mg/m³、PC-TWA 7mg/m³ 范围内。注意个人防护，作业场所应该贴警示标志。加强职业健康教育，工作场所禁止吸烟、进食和饮水，及时换洗工作服，工作前后不许饮酒。进行上岗前、离岗时和在岗时的定期健康检查。

(29) 苯酚

化学名：苯酚（酚；石炭酸）；英文名：phenol、carbolic acid；分子式：C_6H_6O；CAS：108-95-2。

理化性质　无色针状晶体或白色晶体，有特殊气味，遇空气和光变红，遇碱变色更快。相对分子质量 94.11，相对密度 3.24（空气为 1），蒸气压（40.1℃）0.13kPa，沸点 181.9℃，熔点 40.85℃，闪点 79.44℃（闭杯）、85℃（开杯），自燃点 715℃，在空气中的爆炸极限 6.20%～15.9%。1g 溶于 15mL 水（0.67%，25℃加热后可以任何比例溶解）、12mL 苯。水溶液的 pH 为 6.0。易溶于醇、乙醚、氯仿、甘油、二硫化碳、凡士林、碱金属氢氧化物水溶液，几乎不溶于石油醚。能腐蚀橡胶和合金。与碱作用生成盐。遇明火、高热、氧化剂、静电可燃，遇三氯化铝＋硝基苯、丁二烯、过二硫酸引起燃烧和爆炸，能与氧化剂发生反应。燃烧产物一氧化碳和二氧化碳。

毒性　属于高毒类。可经呼吸道、皮肤和消化道吸收。苯酚为细腻原浆毒物，对人体任何组织都有显著腐蚀作用。低浓度苯酚使蛋白质变质，高浓度能使蛋白质沉淀。对皮肤、黏膜有强烈腐蚀作用，眼睛接触引起角膜严重损伤，甚至失明。苯酚中毒主要由皮肤吸收引起，水溶液比苯酚易经皮肤吸收，而乳剂更易吸收。接触皮肤不引起疼痛，但暴露部位最初呈现白色，如不迅速清洗、清除，能引起严重灼伤或全身性中毒，可抑制中枢神经系统或损伤肝肾功能。吸入苯酚大部分留在肺内，停止接触很快排泄在体外。以原形或以结合形式随尿排出。一部分经氧化变为邻苯二酚和对苯二酚随尿排出，使尿呈棕黑色。

救治与处理　迅速使患者脱离现场，移到空气新鲜处，皮肤和眼睛可用 50%酒精溶液或流动的清水彻底冲洗，至少 15min 以上；或用甘油、聚乙二醇或聚乙二醇与酒精比例为 7∶3 的混合溶液涂抹皮肤后，迅速用大量水冲洗，再用饱和硫酸钠湿敷。口服植物油 15～30mL，催吐，后必须洗胃直至无苯酚味，消化道已有严重腐蚀时勿予以上处理。吸入者迅速离开现场，移到空气新鲜处，早期吸氧。如有呼吸停止，立即进行人工呼吸。眼睛接触者立即提起眼睑，用大量水冲洗或生理盐水彻底冲洗至少 15min，对症处理。合理应用抗生素，采用防治肺水肿、肝、肾损伤等对症、支持治疗。糖皮质激素的应用视灼伤程度及中毒病情而定。病情严重者早期应用透析疗法排毒及防止肾衰竭。口服者需防止食道瘢痕收缩至狭窄。

预防措施　工作场所中其浓度应控制在 PC-STEL 25mg/m³、PC-TWA 10mg/m³ 范围内。注意个人防护，作业场所应该贴警示标志。加强健康教育，工作场所禁止吸烟、进食和饮水，及时换洗工作服，工作前后不许饮酒。进行上岗前、离岗时和在岗时的定期健康检查。

(30) 甲酚

化学名：甲酚（异构体为邻甲酚、间甲酚、对甲酚）；英文名：methyphenol、cresylic acid；分子式：C_7H_8O；CAS：间甲酚 108-95-2，邻甲酚 195-48-7，对甲酚 106-44-5。

理化性质　无色、黄色、棕黄色或粉色液体，遇空气、光呈深色，有酚味。相对分子质量 108.14，遇明火、高热可燃烧爆炸。与硝酸、发烟硫酸、氯磺酸发生爆炸。加热分解放出有毒烟气。邻甲酚、间甲酚、对甲酚的各种数据依次如下。

相对密度：邻甲酚 1.407，间甲酚 1.03，对甲酚 1.03；熔点：邻甲酚 30℃，间甲酚 11～12℃，对甲酚 35.5℃；沸点：邻甲酚 191～192℃，间甲酚 202.8℃，对甲酚 201.8℃。自燃点：邻甲酚 509℃，间甲酚

559℃，对甲酚 559℃。蒸气相对密度（空气为1）：邻甲酚 3.72，间甲酚 3.72，对甲酚 3.72。溶解性：均微溶于水，易溶于乙醇、乙醚。

毒性　属于低毒类，主要经消化道、呼吸道及破损皮肤侵入。在影响皮肤吸收率的因素中，接触面积较浓度更为重要。甲酚3种异构体的毒性相同，甲酚被吸收后，分布全身各组织，体内部分被氧化为氢醌和焦儿茶酚，主要以原形与葡萄糖醛酸和硫酸根结合，从尿中及胆汁排出，尚有微量随呼气排出。甲酚为细胞原浆毒，能使蛋白质变性和沉淀，对皮肤及黏膜有腐蚀作用，对各种细胞有直接损害，经口中毒时，对口腔、咽喉及食管黏膜有腐蚀作用，可引起气道刺激、肺部充血、水肿和支气管肺炎，并伴有胸膜出血点。吸收后，分布到全身中枢及呼吸系统。体温有明显抑制作用，还可作用脊髓，引起阵挛性抽搐和肌束颤动。

救治与处理　无特效药解毒，皮肤被污染时应立即用大量清水冲洗至少15min，或用50％酒精清洗数遍，再用清水反复冲洗干净，而后用饱和碳酸钠溶液湿敷4～6h。口服中毒者，应立即用植物油15～20mL催吐。如催吐无效的，早期可用牛奶及清水洗胃，直至洗出物至无甲酚气味为止，洗胃必须细心，以免食道穿孔，最后再用植物油滞留于胃中。对症治疗包括吸氧、防治肺水肿及肾功能衰竭、保护肝脏等。必要时，及早使用透析法。

预防措施　工作场所中其浓度应控制在 PC-STEL 25mg/m³、PC-TWA 10mg/m³ 范围内。注意个人防护，作业场所应该贴警示标志。加强健康教育，工作场所禁止吸烟、进食和饮水，及时换洗工作服，工作前后不许饮酒。进行上岗前、离岗时和在岗时的定期健康检查。

（31）甲酸

化学名：甲酸（蚁酸）；英文名：methanoic acid；分子式：CH_2O_2；CAS：64-18-6。

理化性质　无色液体，有特殊刺激气味，是最强有机酸，强还原剂。相对分子质量46.03，沸点100.6℃，熔点8.27℃，相对密度1.2265，可与水、乙醇、乙醚、甘油等混溶。

毒性　属于低毒类，可经皮肤、呼吸道和消化道吸收。进入机体的甲酸部分被氧化，部分以原形由尿排出。在体内以羧基或以醛基形式挥发出去，故其毒性大于其他同类酸。

救治与处理 发生眼睛和皮肤污染时，迅速用大量清水冲洗，再用 2%～5%硫代硫酸钠或 2%～5%硫酸氢钠冲洗和漱口。误服者用温水或 2.5%氧化镁溶液洗胃。甲酸对胃有腐蚀作用，洗胃时应注意防止胃穿孔和胃出血，同时注意观察有无脱水和肾功能损害，并及时给予治疗。吸入中毒者，应及时吸氧，可给予 2%～4%的硫酸氢钠雾化吸入，并给予止咳和解痉药物，积极防止肺水肿和激发感染。

预防措施 工作场所中其浓度应控制在 PC-STEL 20mg/m³、PC-TWA 10mg/m³ 范围内。注意个人防护，作业场所应该贴警示标志。加强健康教育，工作场所禁止吸烟、进食和饮水，及时换洗工作服，工作前后不许饮酒。进行上岗前、离岗时和在岗时的定期健康检查。

（32）乙酸

化学名：乙酸（醋酸）；英文名：ethanoic acid；分子式：$C_2H_4O_2$；CAS：64-19-7。

理化性质 无色液体或固体，有刺激性气味，无水乙酸在低温时凝固成冰状，俗称冰醋酸。相对分子质量 60.05，沸点 118.1℃，熔点 16.66℃，相对密度 1.0493，蒸气相对密度 2.7（空气为 1），爆炸极限 5.4%～16%。可与水、乙醇、乙醚、四氯化碳等混溶。不溶于二硫化碳和 C_{12} 以上的高级脂肪烃，能溶解大多数树脂和精油。

毒性 低毒，可经消化道、呼吸道吸收，对眼睛和皮肤、上呼吸道有刺激作用。80%的醋酸溶液能导致豚鼠皮肤严重灼伤，50%～80%可致中度和严重灼伤，低于 50%轻度灼伤，5%～16%未有灼伤感。长期吸入一定的该物质可出现眼喉鼻的炎症反应，甚至引起支气管炎，乙酸溶液 5%即食醋对人无害，浓溶液腐蚀作用较强，误食可引起呕吐、腹泻和循环系统功能障碍，以及酸中毒、尿毒症等严重病变。

救治与处理 吸入者中毒迅速脱离现场，雾化吸入 5%碳酸氢钠溶液，给予止咳、解痉药物，积极防治肺水肿继发感染。眼睛和皮肤污染应立即用清水彻底冲洗，并按化学灼伤治疗并给予相应处理。误食中毒者立即清水洗胃，洗胃时注意胃穿孔和胃出血，并积极防治脱水和急性肾功能衰竭等。

预防措施 工作场所中其浓度应控制在 PC-STEL 20mg/m³、PC-TWA 10mg/m³ 范围内。注意个人防护，作业场所应该贴警示标志。加强健康教育，工作场所禁止吸烟、进食和饮水，及时换洗工作服，工作前后不许饮酒。进行上岗前、离岗时和在岗时的定期健康检查。

(33) N,N-二甲基甲酰胺

化学名：N,N-二甲基酰胺；英文名：dimethyl formaminde (DMF)；分子式：C_3H_7ON；CAS：68-12-2。

理化性质　无色液体，有氨味，相对分子质量73.1，沸点153℃，蒸气压（25℃）0.49kPa，爆炸极限5.4%～16%。可溶于水和一般有机溶剂，与碱接触可生成二甲胺。

毒性　属于低毒，可经肺、呼吸道、胃肠、皮肤吸收。亲肝毒物，主要损伤肝脏消化系统，对皮肤和呼吸道黏膜有刺激作用。进入肝脏内在肝脏解毒，其代谢过程首先是甲基羟基化，生成 N-羟甲基-N-甲基甲酰胺（HMMF），HMMF进一步脱羟甲基分解为甲基甲酰胺（NFM）和甲醛，甲基甲酰胺再羟基化生成甲酰胺（F），甲酰胺进而形成甲酸和氨。另一重要代谢产物是 N-乙酰-S-(N-甲基甲氨酰) 半胱氨酸。接触者尿中主要代谢产物有HMMF，其次是F、AMCC及少量DMF原形和NMF。据测定，志愿者暴露于 $30mg/m^3$ DMF环境后，尿中DMF、HMMF、F和AMCC的生物半衰期分别为2h、4h、7h和23h，说明AMCC代谢较缓慢，具有蓄积作用。病理组织学检查主要表现为肝、肾水肿变性和坏死、胃黏膜腐蚀性病变、肺淤血和机体细胞免疫功能异常。

救治与处理　急性中毒者应该及时脱离现场，用大量清水冲洗被污染的皮肤与眼睛，禁用碱性溶液清洗皮肤和眼部，以免产生毒性更大的二甲胺，没有特效药，及时采取对症治疗和支持治疗，可给保肝药物。

预防措施　工作场所中其浓度应控制在 PC-STEL $20mg/m^3$、PC-TWA $40mg/m^3$范围内。注意个人防护，作业场所应该贴警示标志。加强健康教育，工作场所禁止吸烟、进食和饮水，及时换洗工作服，工作前后不许饮酒。进行上岗前、离岗时和在岗时的定期健康检查。有明显肝、肾疾病者以及HbsAg阳性病人，禁忌接触；轻度中毒者治愈后可恢复原工作；中度中毒者治愈后，应避免从事接触肝脏毒物的工作；重度中毒治愈后，不宜再从事有毒作业工作。

(34) 乙酸乙酯

化学名：乙酸乙酯（醋酸乙酯）；英文名：ethyl acetate；分子式：

135

$C_4H_8O_2$；CAS：141-78-6。

理化性质　低碳饱和一元酸酯，无色、透明水样液体，易挥发，易燃，有水果香味，相对分子质量88.11，相对密度0.901，蒸气压（27℃）13.33kPa，沸点77.15℃，熔点−83.8℃，闪点−4.44℃（闭杯），自燃点425.5℃，蒸气密度3.04g/L，25℃时水中溶解度8.61%。易溶于醇、乙醚、氯仿、苯溶液，常温下有水存在时或遇潮湿环境可逐渐水解成乙酸和乙醇，有明显酸性腐蚀作用。遇热、明火易燃烧、爆炸，在空气中的爆炸极限2.2%～11.4%。与氯磺酸、发烟硫酸、叔丁醇钾发生剧烈反应。经紫外线照射可分解生成一氧化碳、二氧化碳和氢、甲烷等可燃气体。

毒性　属于低毒类，主要从呼吸道吸入，有刺激黏膜和麻醉中枢神经系统的作用。一般溶剂的呼吸道阻留量比较：乙酸乙酯＞甲苯＞三氯乙烯＞苯＞丙酮＞乙醇＞乙烷，因此，经呼吸道排出甚微。乙酸乙酯和甲苯混合物的毒性比单独一种毒物的毒性低；与环氧丙烷、丙二醇和甲醛混合，毒性也可降低。但它可以醇的形态排出，也可部分进入乙醇代谢环节，它与吗啉、乙二醇或乙醇混合，毒性增强。这可能与它在体内易于水解，水解后生成乙醇，而与乙醇等混合影响其在体内代谢有关。动物中毒后除刺激眼部外，有呛咳；高浓度时出现麻醉，角膜反射消失，麻醉加深后有1/4的动物死亡。病理检查显示呼吸道广泛充血、点状出血、黏膜水肿。人接触785～1570mg/m³可出现眼、鼻刺激及皮肤干燥。吸入7849mg/m³，共60min，有严重毒性反应。

救治与处理　脱离危险，对症处理。肺水肿的救治和处理按照内科救治原则进行。

预防措施　工作场所中其浓度应控制在PC-STEL 300mg/m³、PC-TWA 200mg/m³范围内。注意个人防护，作业场所应该贴警示标志。加强健康教育，工作场所禁止吸烟、进食和饮水，及时换洗工作服，工作前后不许饮酒。进行上岗前、离岗时和在岗时的定期健康检查。

（35）乙腈

化学名：乙腈；英文名：acetonitrile；分子式：C_2H_3N；CAS：75-05-8。

理化性质　无色液体，有芳香味，相对分子质量41.05，相对密度0.79，蒸气压（27℃）13.33kPa，沸点81.6℃，熔点−45.7℃，闪点

2℃，自燃点 524℃，蒸气相对密度 1.42（空气为 1），易溶于醇、乙醚、丙酮溶液。遇热、明火易燃烧、爆炸，在空气中的爆炸极限 3.0%～16.0%。与氯磺酸、发烟硫酸等发生剧烈反应。燃烧可分解生成一氧化碳、二氧化碳和氧化氮及氰化氢等气体。

毒性　可经皮肤、呼吸道和消化道吸收。乙腈的毒性作用原理主要是在体内放出氰离子与氧化型细胞氧化酶中铁离子（三价）结合，阻止氧化过程中三价铁电子传递，使组织细胞不能利用氧，形成内窒息，但不能排除乙腈本身及其代谢产物硫酸氰盐的作用，后者在慢性作用中更为重要。

救治与处理　发生急性中毒事故时，应立即脱离中毒事故现场至空气新鲜处，必要时给予氧，脱除污染的衣服，用肥皂水和清水彻底冲洗，必要时应及时使用高铁血红蛋白，食入者要进行催吐、洗胃等。治疗时应用高铁血红蛋白生成剂，中毒程度轻者也可以用硫代硫酸钠解毒，可给予自由基清除剂，如谷胱甘肽、维生素 C、维生素 E 等进行对症支持治疗，还应该注意保护心、肺、脑、肾、肝脏的功能。

预防措施　加强工作场所中设备的密闭性和通风排气，定期检修设备，杜绝跑、冒、滴、漏。在接触乙腈时，应佩戴过滤式防毒面具，穿戴有效个人防护用具。工作场所中其浓度应控制在 PC-STEL 10mg/m³、PC-TWA 25mg/m³ 范围内。注意个人防护，作业场所应该贴警示标志。加强健康教育，工作场所禁止吸烟、进食和饮水，及时换洗工作服，工作前后不许饮酒。进行上岗前、离岗时和在岗时的定期健康检查。防止渗透引起中毒，应与氧化剂酸类分开存放。

（36）噻吩

化学名：噻吩；英文名：thiophene；分子式：C_4H_4S；CAS：110-02-1。

理化性质　无色液体，有刺鼻芳香味，相对分子质量 84.14，相对密度 1.06，蒸气压（25℃）10.60kPa，沸点 84.2℃，熔点 −38.3℃，闪点 −1℃，自燃点 524℃，蒸气相对密度 1.42（空气为 1），易溶于醇、乙醚、苯等有机溶剂，不溶于水。在空气中的爆炸极限为 1.5%～12.5%。

毒性　属于低毒类，可经呼吸道、消化道、皮肤吸收。动物实验的毒性作用主要是神经中枢系统，有麻醉作用、兴奋及抽搐作用。蒸气对呼吸道黏膜有刺激作用。噻吩有一些衍生物如氯甲基噻吩可引起皮炎及致敏等。目前尚无人类中毒病例的报道。

救治与处理　根据明确的接触史、典型临床表现及实验结果，排除其他类似的疾病结合现场劳动卫生学调查及血中其浓度和尿中代谢的检测结果，综合分析方可诊断。

预防措施　加强工作场所中设备的密闭性和通风排气，定期检修设备，杜绝跑、冒、滴、漏。接触时，应佩戴过滤式防毒面具，穿戴有效个人防护用具，作业场所应该贴警示标志。加强健康教育，工作场所禁止吸烟、进食和饮水，及时换洗工作服，工作前后不许饮酒。进行上岗前、离岗时和在岗时的定期健康检查。

(37) 二甲亚砜

化学名：二甲亚砜；英文名：dimethyl sulfoxide (DMSO)；分子式：C_2H_6OS；CAS：67-68-5。

理化性质　无色、无臭的吸湿性液体，相对分子质量78.13，熔点18.5℃，沸点189.0℃，相对密度1.10，饱和蒸气压（30℃）0.10 kPa，闪点95℃，引燃温度300℃，爆炸极限2.6%～28.5%。二甲亚砜与酰氯类物质如苯酰氯、氰尿酰氯、硫酰氯等接触可发生剧烈的放热分解反应。混溶于水、醇、乙醛、丙酮等有机溶剂。

救治与处理　由于目前未见本品中毒病例报道，需判断是否是DMSO中毒，根据明确的接触史、典型临床表现及实验室结果，排除其他类似的疾病结合现场劳动卫生学调查及血中其浓度和尿中代谢的检测结果，综合分析方可诊断。

预防措施　加强工作场所中设备的密闭性和通风排气，定期检修设备，杜绝跑、冒、滴、漏。接触时，应佩戴过滤式防毒面具，穿戴有效个人防护用具，作业场所应该贴警示标志。加强健康教育，工作场所禁止吸烟、进食和饮水，及时换洗工作服，工作前后不许饮酒。进行上岗前、离岗时和在岗时的定期健康检查。

(38) 吡啶

化学名：吡啶；英文名：pyridine；分子式：C_5H_5N；CAS：110-86-1。

理化性质　无色液体，有特殊臭味，相对分子质量79.1，熔点−42℃，相对密度0.7831，饱和蒸气压（25℃）2.67 kPa，闪点（闭杯）

20℃，燃点482℃，易燃，易爆，爆炸极限1.8%～12.4%。混溶于水、醇、醚、石油醚等有机溶剂，能溶于多种有机化合物与无机化合物。

毒性 能经皮肤、呼吸道和消化道吸收。但吡啶对人有高毒性，嗅阈0.4～5mg/m³，刺激阈1.6～5mg/m³，其蒸气具有强烈刺激性，浓度高时呈现全身麻木，有曾误食吡啶半杯而发生严重中毒死亡的报道。

救治与处理 发生急性中毒事故时，应立即脱离中毒事故现场至空气新鲜处，必要给予氧，脱除污染的衣服，用肥皂水和清水彻底冲洗，有报道吡啶与维生素B_1有拮抗作用，故主张用维生素B_1治疗。当皮肤与眼部污染时应用大量清水或者1%维生素C冲洗，局部可用抗生素眼膏。

预防措施 加强工作场所中设备的密闭性和通风排气，定期检修设备，杜绝跑、冒、滴、漏。在接触吡啶时，应佩戴过滤式防毒面具，穿戴有效个人防护用具，作业场所应该贴警示标志。加强健康教育，工作场所禁止吸烟、进食和饮水，及时换洗工作服，工作前后不许饮酒。进行上岗前、离岗时和在岗时的定期健康检查。

（39）甲醇

化学名：甲醇（木醇、母酒醇、甲基氢氧化碳）；英文名：methanol、methyl acohol；分子式：CH_4O；CAS：67-56-1。

理化性质 无色、澄清、高挥发性、易挥发性液体，有刺激性气味，相对分子质量32.04，相对密度（20℃/4℃）0.792，熔点-97.8℃，沸点64.5℃，相对密度1.11，饱和蒸气压（21.2℃）13.33 kPa，闪点（闭杯）12℃，燃点463.89℃，易燃，易爆，爆炸极限6%～36.5%。混溶于水、醇、醚、酮和其他卤代烃等有机溶剂，遇热、明火或者氧化剂着火，遇明火会爆炸。燃烧分解产物为一氧化碳、二氧化碳。

毒性 属于低毒类，主要经呼吸道、胃肠道及皮肤吸收。甲醇口服吸收很快，在醇脱氢酶作用下转变为甲醛，再在醇脱氢酶作用下可以转化为有毒性的甲酸。甲醛能抑制视网膜的氧化磷酸化过程，使膜不能转化为APT，细胞发生变性，引起视神经萎缩。甲酸与急性中毒引起的代谢性酸中毒和眼部损害相关。甲酸盐可通过抑制细胞色素氧化酶引起轴浆运输障碍，导致中毒性视神经病。由甲酸诱导的线粒体呼吸抑制和组织缺氧。可产生乳酸盐，甲酸、乳酸及其他有机酸的堆积，可引起酸中毒。

救治与处理 急性中毒治疗必须尽早、及时。在高度怀疑是甲醇中毒时，即使实验室结果尚未报告，也应立即进行救治。①及时清除体内吸收的甲醇，促进排出，中毒严重、并发急性肾衰竭者应及早进行血液透析；②及时纠正代谢酸中毒；③注意保护眼睛，早期、足量、短程使用激素治疗，用眼罩遮盖眼睛；④使用解毒剂，可以使用醇脱氢酶抑制剂 4-甲基吡唑、叶酸类及乙醇；⑤对症和支持治疗。

预防措施　加强工作场所中设备的密闭性和通风排气，定期检修设备，杜绝跑、冒、滴、漏。在接触时，应佩戴过滤式防毒面具，穿戴有效个人防护用具，作业场所应该贴警示标志。加强健康教育，工作场所禁止吸烟、进食和饮水，及时换洗工作服，工作前后不许饮酒。进行上岗前、离岗时和在岗时的定期健康检查。工作场所中其浓度应控制在 PC-STEL $50mg/m^3$、PC-TWA $25mg/m^3$ 范围内。

（40）乙醇

化学名：乙醇（酒精、无水酒精）；英文名：ethylalcohol、acohol；分子式：C_2H_6O；CAS：64-17-5。

理化性质　无色、易挥发性液体，有酒的芳香气味，相对分子质量 46.07，相对密度（20℃/4℃）0.789，熔点 −114.1℃，沸点 78.5℃，相对密度 1.59，饱和蒸气压（19℃）5.33 kPa，闪点（闭杯）12.78℃，燃点 423℃，易燃，易爆，爆炸极限 3.3%～19%。混溶于水、醇、醚、酮和其他卤代烃等有机溶剂，遇热、明火或者氧化剂着火，遇明火会爆炸。与氧化剂如铬酸、次氯酸钙、过氧化氢、硝酸、硝酸银、过铝酸盐反应剧烈。

毒性　属微毒类。可经过胃肠道、呼吸道和皮肤吸收。乙醇急性中毒主要对中枢神经系统作用。其麻醉作用比甲醇大，对中枢神经有抑制作用，首先作用于大脑皮质，表现为兴奋，继而影响皮质下中枢神经和小脑，出现运动失常，严重者出现昏迷甚至死亡。对肝、肾和循环系统有一定损害。可直接损伤肝细胞线粒体，被损伤的肝细胞释放出 Mellory 小体，引起免疫反应。乙醇也有明显的血液毒性作用，引起溶血性贫血并血小板减少等。曾有误输 75% 酒精溶血性并发急性肾衰竭的报道。过量饮酒可诱发代谢紊乱、消化道出血、胰腺炎、心律失常、脑梗死以及急性乙醇中毒性作用。

救治与处理　酒醉可不必治疗。轻度者可静卧，保温，促使醒酒，兴奋躁动者必须加以制止；多饮水，促进排泄，预防吸入性肺炎，中毒者迅速离开现场。严重者治疗：催吐、洗胃、50%葡萄糖注射液，对症及支持治疗。血液透析适用于重症中毒者、血液乙醇浓度极高伴有酸中毒者、昏迷者或者同服用甲醇或者其他可疑药物者。

预防措施　加强工作场所中设备的密闭性和通风排气，定期检修设备，杜绝跑、冒、滴、漏。在接触时，应佩戴过滤式防毒面具，穿戴有效个人防护用具，作业场所应该贴警示标志。加强健康教育，工作场所禁止吸烟、进食和饮水，及时换洗工作服，工作前后不许饮酒。进行上岗前、离岗时和在岗时的定期健康检查。工作场所中其浓度应控制在 PC-TWA 2048mg/m³ 范围内。

(41) 丙醇

化学名：丙醇（正丙醇；1-丙醇）；英文名：1-propyl alcohol、n-propyl acohol；分子式：C_3H_8O；CAS：71-23-8。

理化性质　无色、易挥发性液体，相对分子质量 60.1，相对密度 0.804，熔点 −127.1℃，沸点 97.3℃，相对密度 2.08，能溶于乙醇、乙醚和水。

毒性　属于低毒类。因挥发度小（仅为乙醇的 2/5），生产环境中吸入其蒸气的机会较小。主要有刺激和麻痹作用。其毒性作用与乙醇相似，但毒性高于乙醇，在体内排泄比乙醇快。

救治与处理　皮肤接触者，脱掉污染的衣服，用肥皂水和清水彻底冲洗。发生急性中毒事故时，应立即脱离中毒事故现场至空气新鲜处，必要给予氧。口服者洗胃，维持生命体征，保持呼吸畅通，积极防治脑水肿和肺水肿。严重者，透析排出毒物，对症治疗。

预防与措施　加强工作场所中设备的密闭性和通风排气，定期检修设备，杜绝跑、冒、滴、漏。在接触时，应佩戴过滤式防毒面具，穿戴有效个人防护用具，作业场所应该贴警示标志。加强健康教育，工作场所禁止吸烟、进食和饮水，及时换洗工作服，工作前后不许饮酒。进行上岗前、离岗时和在岗时的定期健康检查。工作场所中其浓度应控制在 PC-STEL 300mg/m³、PC-TWA 200mg/m³ 范围内。

(42) 苯

化学名：苯；英文名：benzene；分子式：C_6H_6；CAS：71-43-2。

　　理化性质　无色、透明具有特殊芳香的油状易燃液体，相对分子质量78.11，相对密度（25℃/4℃）0.87372，沸点80.1℃，燃点562.2℃，蒸气相对密度2.77（空气为1），蒸气压（26.1℃）13.33kPa，闭杯状态下闪点−10～12℃，5.5℃以下凝成晶状固体。常温下挥发速度为乙醚的1/3。在空气中自燃温度为58℃，在空气中的爆炸极限1.40%～8.0%。微溶于水，与乙醇、乙醚、氯仿、二硫化碳、四氯化碳等多种有机溶剂混溶。易燃，遇明火、高热能引起燃烧爆炸，能与氧化剂，如五氟化溴、氯气、三氧化铬、氧气、臭氧、过氧化钠发生剧烈反应。

　　毒性　属于中等毒性。苯主要以蒸气形式由呼吸道进入，皮肤吸收很少，经消化道吸收完全。高浓度的蒸气对黏膜和皮肤有一定的刺激作用，液体苯直接进入呼吸道，可引起肺水肿。吸入体内的苯，40%～60%以原形经呼吸道排出，经肾排出较少，吸收后主要分布在含脂肪质的组织和器官里。40%左右在肝脏里代谢，大部分氧化为酚类，并与硫酸盐或者葡萄糖醛酸通过尿排出，极少量通过肾转化为醌和酚排出，约有10%氧化成黏糠酸，使苯环打开，大部分再分解为水和二氧化碳，最后经肺呼出和肾排出。苯的急性作用主要为神经中枢麻痹，慢性中毒主要损害骨髓造血干细胞造血功能，表现为骨髓毒性和白血病。IARC认为是人类的致癌物。

　　救治与处理　皮肤接触者，脱掉污染的衣服，用肥皂水和清水彻底冲洗，应立即脱离中毒事故现场至空气新鲜处，必要时给予吸氧。急性期应卧床休息，供给足够的蛋白质，口服或注射葡萄糖醛酸、维生素C，禁止用肾上腺素。急救原则和内科抢救相同，慢性中毒无特效药，治疗根据造血系统损伤所致血液疾病对症处理。急性中毒恢复后，轻度中毒休息3～7d即可工作，重度者休息时间应按病情恢复程度而定。慢性中毒一经确认后，即应调离接触苯及其他有毒物质的岗位，轻度中毒者可从事轻工作，或半日工作；中度中毒者根据病情适当安排休息，重度中毒者安排全天休息；可引起障碍性贫血或者白血病者，如内科治疗无效，可考虑骨髓移植。

　　预防措施　加强工作场所中设备的密闭性和通风排气，定期检修设备，杜绝跑、冒、滴、漏。在接触时，应佩戴过滤式防毒面具，穿戴有效个人防护用具，作业场所应该贴警示标志。加强健康教育，工作场所禁止吸烟、进食和饮水，及时换洗工作服，工作前后不许饮酒。进行上岗前、离岗时和在岗时的定期健康检查。保持工作场所中其浓度应控制在 PC-STEL $10mg/m^3$、PC-TWA $6mg/m^3$ 范围内。女工怀孕期和哺乳期必须离开与苯接触的工作。

（43）二甲苯

化学名：二甲苯（间二甲苯、1,3-二甲基苯、邻二甲苯、1,2-二甲基苯、对二甲苯、1,4-二甲苯）；英文名：xylene、dimethybenzene（*m*-xylene，1,3-dimethyl benzene；*o*-xylene；1,2-dimethylbenzene；*p*-xylene；1,4-dimethylbenzene）；分子式：C_8H_{10}；CAS：1330-20-7。

理化性质　无色、透明易挥发性液体，具有芬芳气味，略带有甜味，相对分子质量 106.17，相对密度（25℃/4℃）0.864，沸点 135～145℃，燃点 528℃，凝固点−24.4℃，蒸气密度 3.7g/L，蒸气压 0.80kPa，闭杯状态下闪点 25℃，在空气中的爆炸极限 1.0%～7.0%。二甲苯是由间、对、邻三种异构体组成的混合物，其中含量最多是间二甲苯，由煤焦油分馏出来的含间二甲苯 40%～70%、邻二甲苯 10%～15%、对二甲苯 23%、乙苯 6%～10%。商业品中含有少量的甲苯、三甲基苯、苯酚、噻吩、吡啶和非芳香烃。几乎不溶于水，与乙醇、乙醚等多种有机溶剂混溶。侵蚀某些塑料品、橡胶和涂层。易燃，遇明火、高热能引起燃烧爆炸。不完全燃烧产生一氧化碳。避免与强氧化剂接触。

毒性　可以经呼吸道和消化道吸收。对皮肤黏膜的刺激作用较甲苯强，高浓度对神经中枢系统有麻醉作用，吸收后分布在脂肪组织和肾上腺中为多。大部分在肝内氧化，主要生成甲基苯甲酸，与甘氨酸结合成甲基马尿酸，少部分与葡萄糖醛酸或硫酸结合后随尿排出。

救治与处理　皮肤接触者，脱掉污染的衣服，用肥皂水和清水彻底冲洗。发生急性中毒事故时，应立即脱离中毒事故现场至空气新鲜处，必要时给予吸氧。口服者洗胃，维持生命体征，保持呼吸畅通，积极防治脑水肿和肺水肿，严重者透析排出毒物，对症治疗。

预防与措施　加强工作场所中设备的密闭性和通风排气，定期检修设备，杜绝跑、冒、滴、漏。在接触时，应佩戴过滤式防毒面具，穿戴有效个人防护用具，作业场所应该贴警示标志。加强健康教育，工作场所禁止吸烟、进食和饮水，及时换洗工作服，工作前后不许饮酒。进行上岗前、离岗时和在岗时的定期健康检查。工作场所中其浓度应控制在 PC-STEL

100mg/m³、PC-TWA 50mg/m³范围内。

（44）异丙醇

化学名：异丙醇；英文名：isopropanol、isopropyl acohol、2-dime-thyl methanol、diamethy carbinol；分子式：C_3H_8O；CAS：67-63-0。

理化性质　无色、易挥发性液体，有似乙醇和丙酮混合的气味，相对分子质量 60.1，相对密度（20℃/20℃）0.7874，熔点－88.5℃，沸点82.5℃，饱和蒸气压（20℃）4.40～5.87 kPa，闪点（闭杯）11.67℃，燃点 455.56℃，易燃，易爆，爆炸极限 2.5%～12%。混溶于水、醇、醚、酮和其他卤代烃等有机溶剂，遇热、明火或者氧化剂着火，遇明火会爆炸。

毒性　属于低毒性，经皮肤、呼吸道、消化道吸收。蒸气对眼睛及呼吸道黏膜有刺激作用。对心脏的抑制和对周围血管的扩张作用引起低血压。其代谢产物丙酮对神经中枢系统的抑制作用有增强和延长，少量丙酮可转化为乙酸和甲酸。可出现轻度代谢酸中毒。醇脱氢酶引起的 NAD/NADH⁺比例转换可使葡萄糖异生作用减弱，并出现低血糖。

救治与处理　皮肤接触者，脱掉污染的衣服，用肥皂水和清水彻底冲洗。发生急性中毒事故时，应立即脱离中毒事故现场至空气新鲜处，必要时给氧。口服者洗胃，维持生命体征，保持呼吸畅通，积极防治脑水肿和肺水肿；严重者透析排出毒物，对症治疗。本品无特效药。

预防与措施　加强工作场所中设备的密闭性和通风排气，定期检修设备，杜绝跑、冒、滴、漏。在接触时，应佩戴过滤式防毒面具，穿戴有效个人防护用具，作业场所应该贴警示标志。加强健康教育，工作场所禁止吸烟、进食和饮水，及时换洗工作服，工作前后不许饮酒。进行上岗前、离岗时和在岗时的定期健康检查。工作场所中其浓度应控制在 PC-STEL 700mg/m³、PC-TWA 700mg/m³范围内。

（45）正丁醇

化学名：正丁醇；英文名：*n*-butyl alcohol、1-butanol、buty alco-hol；分子式：$C_4H_{10}O$；CAS：71-36-3。

理化性质　无色、易挥发性液体，有特殊的气味，相对分子质量74.12，相对密度（20℃/20℃）0.811，熔点－88.9℃，沸点117.7℃，饱和蒸气压（25℃）0.87 kPa。在水中的溶解度（20℃）7.7%，混溶于水、乙醇、醚等有机溶剂，燃烧分解产物为一氧化碳和二氧化碳。

毒性 属于低毒类，可经呼吸道、消化道和皮肤吸收。吸入蒸气后出现黏膜刺激和麻痹现象，皮肤多次接触可导致出血和坏死。

救治与处理 皮肤接触者，脱掉污染的衣服，用肥皂水和清水彻底冲洗。发生急性中毒事故时，应立即脱离中毒事故现场至空气新鲜处，必要时给氧。口服者洗胃，维持生命体征，保持呼吸畅通，积极防治脑水肿和肺水肿；严重者透析排出毒物，对症治疗。本品无特效药。由于毒性较异丙醇弱，故而不主张使用醇脱氢酶抑制剂。

预防与措施 加强工作场所中设备的密闭性和通风排气，定期检修设备，杜绝跑、冒、滴、漏。在接触时，应佩戴过滤式防毒面具，穿戴有效个人防护用具，作业场所应该贴警示标志。加强健康教育，工作场所禁止吸烟、进食和饮水，及时换洗工作服，工作前后不许饮酒。进行上岗前、离岗时和在岗时的定期健康检查。工作场所中其浓度应控制在 PC-STEL 300mg/m³、PC-TWA 100mg/m³ 范围内。

附　　录

一、常用符号及缩略语表

Ace	acetone	丙酮
AIBN	α,α'-azobisisobutyronitrile	α,α'-偶氮二异丁腈
ALc	alcohol	乙醇
Ar	aryl,heteroaryl	芳基,杂芳基
Bu	butyl	丁基
Bzl	benzyl	苄基
Cat	catalyst	催化剂
D	day	天
△	reflux,heat	回流,加热
DBN	1,5-diazabicyclo[4.3.0]non-5-ene	1,5-二氮杂二环[4.3.0]壬烯-5
DBU	1,5-diazabicyclo[5.4.0]undecen-5-ene	1,5-二氮杂二环[5.4.0]十一烯-5
DCC	dicyclohexyl carbodiimide	二环己基碳二亚胺
diglyme	2,5,8-trioxanonane	二甘醇二甲醚
Diox	dioxane	二噁烷,二氧六环
DMAP	4-dimethylaminopyridine	4-二甲氨基吡啶
DMF	N,N-dimethylaminopyridine	N,N-二甲基甲酰胺
DMSO	dimethyl sulfoxide	二甲亚砜
Et	ethyl	乙基
Gas	gaseous	气体的
h	hour	小时
HMPA HMPTA	hexamethyl phosphoramide	六甲基磷酰三胺
$h\nu$	irradition	光照
i-	iso-	异
LAH	lithium aluminum hydride	氢化铝锂
Liq	liquid	液体

续表

M	metal	金属
m-	meta-	间位
Me	methyl	甲基
min	minute	分钟
mol	mole	摩尔
n-	normal	正
NBA	N-bromo-acetamide	N-溴代乙酰胺
NBS	N-bromo-succinimide	N-溴代丁二酰亚胺
NCA	N-chloro-acetamide	N-氯代乙酰胺
NCS	N-chloro-succinimide	N-氯代丁二酰亚胺
Nu	nucleophile	亲核试剂
o-	ortho-	邻位
p	para-	对位
PE	petrol ether, light petroleum	石油醚
PEN	pentyl	戊基
Ph	phentyl	苯基
PPA	polyphosphoric acid	多(聚)磷酸
PPE	polyphosphoric ester	多(聚)磷酸酯
Pr	propyl	丙基
PTC	phase transfer catalyst	相转移催化剂
Py	pyridine	吡啶
R	alkyl ect.	烷基等
r. t.	room temperature(20~25℃)	温室(20~25℃)
sol	solid	固体
TEA	triethylamine	三乙(基)胺
TEBA	triethylbenzylammonium salt	三乙基苄基铵盐
THF	tetrahydrofuran	四氢呋喃
Ts	tosyl 4-toluenesulfonyl	对甲苯磺酰基
TsOH	4-toluenesulfonic	对甲苯磺酸
Tol	toluene	甲苯
t-	tert-	叔
UV	ultraviolet	紫外

147

二、重要化学试剂英汉对照表

acetic acid	乙酸
acetic anhydride	乙酸酐
acetic ester	乙酸酯
acetone(or acetone dianion)	丙酮(或丙酮双负离子)
acetyl chloride	乙酰氯
3-acety-1,5,5-trimethylhydantoin	3-乙酰基-1,5,5-三甲基乙内酰脲
acyl hypohalites	酰基次卤酸(酐)
Adams' catalyst	Adams 催化剂(氧化铂催化剂)
alanine	丙氨酸
alkyl halides	烷基卤化物
alkyl hypohalite	次卤酸烷基酯
alkyl nitrite	亚硝酸烷基酯
alkyl thionitrite	硫代亚硝酸烷基酯
alkyl phosphonic amide	烷基膦酰胺
alkyl phosphonic ester	烷基磷酸酯
alkyl thiophos phonic ester	烷基硫代磷酸酯
aluminum chloride (cf. Lewis acid)	氯化铝(参见路易斯酸)
aluminum isopropoxide-isopropanol	异丙醇铝-异丙醇
aluminum isopropoxide-ketone (acetone, cyclo-hex-anone,diphenylketone)	异丙醇铝-酮(丙酮,环己酮,二苯甲酮)
aluminum oxide	氧化铝
aluminum t-butoxide	叔丁醇铝
aluminum acetate	乙酸铝
n-amylamine	正戊胺
aniline	苯胺
azidoformic ester	叠氮甲酸酯
azlactone	吖内酯
barium hydroxide	氢氧化钡
barium perchlorate	高氯酸钡
barium sulfate	硫酸钡
benzenesul finic acid	苯磺酸
benzoic anhydride	苯甲酸酐
benzoic acid	苯甲酸
phosphonium hexafluorophosphate(BOP)	鏻六氟磷酸盐

benzoyl chloride	苯甲酰氯
benzoyl cyanide	苯甲酰腈
benzoyl tetrazole	苯甲酰四唑
benzyl halides	苄基卤
4-benzylpyridine	4-苄基吡啶
benzyltrimethylammonium hydroxide	氢氧化苄基三甲基铵
bis(1-methylimidazol-2-yl)disulfide	双(1-甲基-2-咪唑基)二硫化物
bis(benzonitrile)pall adium chloride	二氯·二(苄腈)合钯
bis(dichloromethyl)ether,(dichoro methyl ether)	双(二氯甲基)醚,双氯甲醚
bis(trihalo-aceoxy)iodobenzene	双(三卤-乙酰氧基)碘苯
bismuth(3+)oxide	氧化铋
borane,diborane	硼烷,二硼烷
boric acid-sulfuric acid	硼酸-硫酸
boron trihalide	三卤化硼
bromo chloride	氯化溴
o-bromomethyl benzoic acid	邻溴甲基苯甲酸
o-bromomethyl benzoyl bromide	邻溴甲基苯甲酰溴
butanethiol	丁硫醇
2-(t-butoxycarbonyloxyimino)2-phenyl acetonitrile	2-(叔丁氧羰氧亚氧氨基)-2-苯基乙腈,Boc-ON 试剂
t-butyl 4,6-dimethylpyrimidin-2-yl thiocarbonate	硫代碳酸-叔丁基·4,6-二甲基-2-吡啶基酯
butyl alcohol	丁醇
butyl azidofomate	叠氮甲酸丁酯
t-butyl chromate	铬酸叔丁酯
t-butyl hydroperoxide	叔丁基过氧化氢
t-butyl peroxybenzoate	过氧化苯甲酸叔丁酯
butylamine	丁胺
t-butyldimethylsilyl	叔丁基二甲基氯硅烷
butyllithium	丁基锂
calcium(2+)carbonate	碳酸钙
calcium(2+)chloride	氯化钙
calcium(2+)hydroxide	氢氧化钙
calcium(2+)sulfate	硫酸钙
carbine	碳烯
carbodiimide(DCC,ect)	碳二亚胺(DCC 等)
carbon dioxide	二氧化碳

149

carbonyldiimidazole	羰基二咪唑
carbonylic anhydride	羧酸酐
carbonylic pyridol ester	羧基吡啶酯
carbonylic thiol ester	羧酸硫醇酯
carbonylic trinitrophenol ester	羧酸三硝基苯酯
Caro'acid(permonosulfuric acid)	Caro 酸,过一硫酸
catecholborane(1,3,2-benzodioxaborloe)	儿茶酚硼烷(1,3,2-苯并二噁硼)
ceric(4+)ammonium nitrite	硝酸铈铵
chloramines-T	氯胺 T(N-氯-对甲苯磺酰胺,钠盐)
chloranil(tetrachlorobenzoquinone)	氯醌(四氯代苯对醌)
2-chloro-2,2-diphenylacetic ester	2-氯-2,2-二苯基乙酸酯
2-chloro-3-ethylbenzoxazolium tetra fluoroborate	四氟硼酸-2-氯-3-乙基苯并噁唑鎓
chloroacetic ester	氯乙酸乙酯
chlorofor mic ester	氯甲酸酯
chloromethyl methyl ether	氯甲基·甲基醚
m-chloroperoxybenzoic acid(MCPBA)	间氯过苯甲酸(MCPBA)
2-(p-chlorophenoxy)acetic ester	2-(对氯苯氧基)乙酸酯
chromic acid	铬酸
chromium(VI)oxide-acetic acid	三氧化铬-醋酸
chromium(VI)oxide-acetic anhydride-sulfuric acid	氧化铬-醋酐-硫酸
chromium(VI)oxide-pyridine	三氧化铬-吡啶
chromium(VI)oxide-sulfuric acid(Jones reagent)	氧化铬-硫酸(Jones 试剂)
chromyl chloride	铬酰氯
Collins reagent,trioxobis(pyridine)chromium	Collins 试剂,三氧双(吡啶)铬
copper	铜
copper chloride(copper oxidechromium)	亚铬酸铜(氧化铜-三氧化铬)
copper(2+)chloride-oxygen	氯化铜-氧气
copper(2+)oxide	氧化铜
Cornfortth reagent(chromium oxide-water-pyridine)	Cornforth 试剂(三氧化铬-水-吡啶)
crown ether	冠醚
cupper(1+)cyanide(cuprous cyanide)	氰化亚铜
cupper(1+)halide (cuprous halide)	卤化亚铜
cupper(2+)acetate(cupric acetate)	醋酸铜
cupper(2+)chloride (cupric chloride)	氯化铜
cyanuric chloride	氰脲酰氯
cyclohexylamine	环己胺

cyclopentadienyliron(1+)dicarbonyl-alkene complex	二羰基·(η茂)合铁-烯烃复合物
1,5-diazabicyclo[5.4.0]undecen-5-ene(DBU)	1,5-二氮杂二环[5.4.0]十一烯-5
diazoketone	重氮酮
diazom ethane	重氮甲烷
5,5-dibromo-2,2-dimethyl-4,6-dioxo-1,3-dioxane	5,5-二溴-2,2-二甲基-4,6-二羰-1,3-二噁烷
1,3-dibromoisocyanuric acid	1,3-二溴异氰尿酸
o-dibromom ethylbenzoate ester	邻苯二溴甲基苯甲酸酯
2,6-dichloro-3-nitrobenzoyl chloride	2,6-二氯-3-硝基苯甲酰氯
2,6-dichloro-4-methylphenyl acetate	乙酸-2,6-二氯-4-甲基苯酯
2,2-dichloroacetic acid	2,2-二氯乙酸
2,2-dichloroacetonitrile	2,2-二氯乙腈
dichlorophosphoric anhydride	二氯磷酸酐
dichoromethyl methyl ether	二氯甲基·甲基醚
diethoxyphenoxymethane	二乙氧基苯氧基甲烷
diethyl azodicarboxylate	偶氮二羧酸二乙酯
diethyl carbonate	碳酸二乙酯
diethyl cyanophosphonate (diethyl phosphoryl cyanide)	氰磷酸二乙酯
diethyl oxalate	草酸二乙酯
diethyl succinate	丁二酸(琥珀酸)二乙酯
diimide	二亚胺
diisobutyl aluminum hydride(DIBAL, DIBAH)	氢化二异丁基铝
dimethyl sulfoxide-sodium hydride	二甲亚砜-氢化钠
dimethyl sulfate	硫酸二甲酯
N,N-dimethylacetamide dimethylacetal	N,N-二甲基乙酰胺·二甲缩醛
4-dimethylaminopyridine	4-二甲氨基吡啶
N,N-dimethylaniline	N,N-二甲苯胺
N,N-dimethylformamide(DMF)	N,N-二甲基甲酰胺
dimethylmethyleneammonium iodide or trifluoroacetate(Eschenmoser's salt)	碘化二甲基亚甲基铵或三氟乙酸二甲基亚甲铵(Eschenmoser 盐)
2,4-dinitrophenyl benzoate	苯甲酸-2,4 二硝基苯酯
2,3-diphenylmaleimide	2,3-二苯基顺丁烯(二)酰亚胺
diphenylphosphoryl azide	二苯基磷酰叠氮
dthiolanes	二硫杂戊烷
epoxyclohexane	环氧环己烷
Erlenmeyer-Plochl azlactone	Erlenmeyer-Plochl 吖内酯
ethanediol-tosyl acid	乙二醇-对甲苯磺酸

ethoxyvinyllithium	乙氧乙烯基锂
ethl ethylthiomethyl sulfoxide	乙基·乙硫甲基亚砜
ethyl vinyl ether	乙基·乙烯基醚
ethyl vinyl thiether	乙基·乙烯基硫醚
ethylene oxide	环氧乙烷
ferric(3+)chloride	三氯化铁
ferric(3+)nitrate	硝酸铁
ferric(3+)sulfate	硫酸铁
9-fluorenecarbonyl chloride	9-芴甲酰氯
formaldehyde	甲醛
formaldehyde-formic acid	甲醛-甲酸
formic acid	甲酸
formic acid-palladium-carbon	甲酸-钯-碳
formic ester	甲酸酯
glycine	甘氨酸
Grignard reagent	Grignard 试剂
N-halo-amide(NBS,NBA,NCS,NIS,ect)	N-卤代酰胺
N-haloamine	N-卤胺
halogen	卤素
heptafluoroisopropyl phenyl ketone	七氟异丙基·苯基酮
hexachloroacetone(HCA)	六氯丙酮(HCA)
hexadecyltributylphosphonium bromide	溴化十六烷基三丁基鏻
hexafluorophosphoric acid	六氟磷酸(氟磷酸)
hexamethtl phosphoramide(HMPA,HMPTA)	六甲基磷酰铵(HMPA,HMPTA)
hydrazide	酰肼
hydrazine	肼
hydrazoic acid	叠氮酸
hydrogen halide	卤化氢,氢卤酸
hydrogen peroxide-acetic acid	过氧化氢-醋酸
hydrogen peroxide-sodium hydroxide	过氧化氢-氢氧化钠
hydroxamic acid	异羟肟酸
1-hydroxybenzotriazole	1-羟基苯并三唑
hydroxylamine	羟胺

hypochlorous anhydride	次氯酸酐
hypohalous acid	次卤酸
iodate	碘酸盐
ion exchange resin	离子交换树脂
iron	铁
iron tri(or penta)carbonyl	三或五羰基合铁
isopropenyl acetate	乙酸异丙烯酯
isopropenyllithium	异丙烯基锂
ketene	乙烯酮,烯酮
lead tetraacetate(LTA)	四醋酸铅(LTA)
Lemieux reagent (sodium periodate-potassium)	Lemieux 试剂(过碘酸钠-高锰酸钾)
Lewis acid	路易斯酸
Lindlar-catalyst(Pd-CaCO$_3$ or BaSO$_4$)	Lindlar 催化剂（Pd-CaCO$_3$ 或 BaSO$_4$）
lithium 1,1-bis	1,1-双(三甲硅基)-3-甲基丁醇锂
lithium aluminum hydride (L-AH)	氢化铝锂(L-AH)
lithium bis (trimethylsilyl) amide	双三甲基硅基氨基锂
lithium borohydride	氢化硼锂
lithium chlorate	氯酸锂
lithium dialkylcuprate	二烷基铜锂
lithium diisopropylamide(LDA)	二异丙基(酰)胺锂(LDA)
lithium isopropylcyclohexylamide	异丙基环己基(酰)胺锂
lithium tre-t-butoxyaluminohydride	氢化三叔丁基铝锂
lithium diethylamine	锂-二乙胺
Lucas reagent(zinc chloride-HCl)	Lucas 试剂(氯化锌-盐酸)
magnesium	镁
manganese(4+)oxide	二氧化锰
mercuric (2+) chloride	氯化汞
mercuric (2+)oxide	氧化汞
mercuric (2+)triflucroacetate	三氯醋酸汞
metal cyanide	金属氰化物
metal halide	金属卤化物
metal-liq ammonia	金属-液体氨
methanesulfonic acid	甲磺酸

methanesulfonic anhydride	甲磺酸酐
methanesulfonyl chloride	甲磺酰氯
2-methoxyacetic ester	2-甲氧基乙酸酯
p-methoxyethoxymethyl chloride	对甲氧基苯甲酰氯
β-methoxyethoxymethyl chloride	*β*-甲氧乙氧基氯甲烷(氯甲基-2-甲氧基乙氧基醚)
2-methoxyisoprene	2-甲氧基异戊二烯
methoxyvinyllithium	甲氧乙烯基锂
methyl 1-（trimethylsilyl）vinyl ketone	甲基-1-(三甲硅基)乙烯基酮
methyl iodide	碘甲烷
methyl（trialkylborane）cuprate	甲基三烷基硼铜
N-methyl-2-halo-pyridinium iodide	碘化·*N*-甲基-2-卤-吡啶鎓
2-methyl 2-propanethiol thallium salt	叔丁基硫醇铊盐
N-methyl-piperdin-3-yl-2-diphenyl-2-hydroxy acetate	2,2-二苯基-2-羟基乙酸-*N*-甲基-3-哌啶酯
methylal	甲缩醛,二甲氧基甲烷
N-methylaniline potassium salt	*N*-甲基苯胺钾盐
methyllithium	甲基锂
molybden hexacarbonyl（hexacarbonyl molybdenum）	羰基合钼
monoperoxyphthalic acid	单过氧邻苯二甲酸
morpholine	吗啉
nickel	镍
nickel boride	硼化镍
nickel tetracarbonyl	四羰基合镍
nirtrene	氮烯
nitric acid	硝酸
o-nitrobenzoic acid	邻硝基苯甲酸
p-nitroperoxybenzoic acid	对硝基过氧化苯甲酸
p-nitrophenyl benzoate	对硝基苯基安息香酸
p-nitrophenyl *t*-butyl carbonate	碳酸-对硝基苯基·叔丁基酯
p-nitroso-*N*,*N*-dimethylaniline	对亚硝基-*N*,*N*-二甲苯胺

Normant reagent	Normant 试剂
organic peracid	有机过(氧)酸
organic peroxide	有机过氧化物
organocopper (chiral ligand)compound	有机铜(手性配体)化合物
organometal compound	有机金属化合物
ortho-ester	原酸酯
osmium(8+)tatraoxide	四氧化锇
oxalic acid	草酸
oxalyl chloride	草酰氯
oxodiperoxymoly bdenum(pyridine) hexamethylphosphoramide(MoOPH)	过氧化钼·吡啶·六甲磷酰胺复合物 (MoOPH 试剂)
oxosulfonium ylide	氧锍内鎓盐
ozone-chromium(6+)oxidesulfuric acid(br hydrogen peroxide)	臭氧-三氧化铬-硫酸(或过氧化氢)
ozone-dimethyl-sulfide(or hydride -ion,zinc-acetic)	臭氧-三甲硫醚(或负氢离子,醋酸锌,催化氢化)
palladium	钯
palladium(2+)acetate	醋酸钯
palladium(2+)chloride	氯化钯
palladium-hydrogen	钯-氢气
pentafluoroethyl hypofluorite	次氟酸五氟乙酯
pentafluorophenyl acetate	乙酸五氟苯酯
pentyl nitrite	亚硝酸戊酯
peracetic acid	过乙酸
perbenzoic acid	过苯甲酸
perchloric acid	高氯酸
performic acid	过甲酸
periodate	过碘酸盐
periodic acid	过碘酸
peroxycarboximidic acid	过氧羧酰亚胺酸
peroxytifluoroacetic acid	过氧三氟乙酸
phase transfer catalyst	相转移催化剂
2-phenoxyacetic ester	2-苯氧乙酸酯

155

phenyl benzoate	苯甲酸苯酯
phenyl methyl sulfone	苯基·甲基砜
phenyl phenylthiomenthyl sulfide	苯基·苯硫甲基硫醚
N-phenyl-2-chloro-3-pheyl-6-menthylphyridinium borofluoride	氟硼酸·N-苯基-2-氯-3-苯基-6-甲基吡啶鎓
6- phenyl-2-phyridone	6-苯基-2-吡啶酮
p-phenylbenzoic chloride	对苯基苯甲酰氯
phenylene phosphochloridite	氯代磷酸-邻苯二甲酚酯
phenyllithium	苯基锂
phenylselenenyl halide	苯硒基卤化物
phenyltetrafluorophosphorane	苯硒四氟正磷
phenylthiomethyllithium	苯硫甲基锂
phosphonium salt	鏻盐
phosphoric acid	磷酸
phosphorous halide	卤化磷
phosphorus oxychloride	三氯氧化磷(氧氯化磷)
phosphorus pentasulfide	五硫化二磷
phosphorus pentoxide	五氧化二磷
phthatic anhydride	磷酸酐
piperidin-N-yl benzoate	苯甲酸-N-哌啶(基)酯
piperidine	哌啶
privalic ester	新戊酸酯
platinum(4+)oxide(Adams'catalyst)-hydrogen	二氧化铂(Abams 催化剂)-氢气
platinum-hydrogen	铂-氢气
polyphosphoric acid	多磷酸
polysubsituted imidazolidine	多取代咪唑烷
potassium acetate	醋酸钾
potassium naphthalenide	萘钾
1,3-propanedithiol	1,3-丙二硫醇
propionic acid	丙酸
propionic anhydride	丙酸酐
Pschorr cyclization	Pschorr 环合
pyridine	吡啶

pyridinium chloride	氯化吡啶鎓
pyridinium chloro-chromate	氯铬酸吡啶鎓
2-pyridyl disulphide	2-吡啶基二硫化物
pyrrolidine	四氢吡咯
4-pyrrolidnopyridine	4-吡咯基吡啶
quaternary ammonium salt	季铵盐
quaternary arsenium salt	季钟盐
Raney nickel	Raney 镍
ruthenium(8+)oxide(or +periodate)	四氧化钌(或+过碘酸盐)
Sarett reagent	Sarett 试剂
selenium	硒
selenium dioxide	二氧化硒
semicarbazide	氨基脲
silver(1+)acetate	醋酸银
silver(1+)carbonate	碳酸银
silver(1+)nitrate	硝酸银
silver(1+)oxide	氧化银
silver(1+)p-toluenesulfonate	对甲苯磺酸银
silver (1+) tetrafluoroborate	氟硼酸银
Simmous-smith reagent	Simmous-smith 试剂
sodium	钠
sodium 4-methylbenzenethiolate	对甲苯硫酚钠
sodium acetate	醋酸钠
sodium alkoxide	醇钠
sodium-alkyl (chiral)borahydride	氢化烷基(手性)硼钠,烷基(手性)硼氢钠
sodium anilidoborohydride	氢化酰苯氨基硼钠,酰苯氨基硼氢钠
sodium azide	叠氮化钠
sodium benzylselenolate	苄硒醇钠
sodium bisulfite	亚硫酸氢钠
sodium borohydride	氢化硼钠
sodium butyrate	丁酸钠

续表

sodium chloride-aq. DMSO	氯化钠-二甲亚砜水溶液
sodium cyanide-DMSO	氰化钠-二甲亚砜
sodium cyanoborohydride	氰基硼氢钠
sodium dichromate	重铬酸钠
sodium ethanethiolate	乙硫醇钠
sodium hydride	氢化钠
sodium hydrosulfite	连二亚硫酸钠(保险粉)
sodium iodite-acetone	碘化钠-丙酮
sodium nitrite(＋HCl or acetic acid)	亚硝酸钠(＋盐酸或乙酸)
sodium propanethiolate	丙硫醇钠
sodium tetracarbonylcobaltate	四羰基合钴酸钠
sodium tetracarbonylferrate	四羰基合铁酸钠
sodium (or pottassium) amide	氨基钠(或钾)
sodium-mercury	钠-汞
sodium (2＋) carbonate	碳酸钠
succinic anhydride	丁二酸酐
succinimid N-yl benzoate	苯甲酸-琥珀酰亚胺-N-基酯
sulfur	硫
sulfur chloride	氯化硫
sulfuryl chloride	硫酰氯
synthon (d-,a-,e-,r-,etc)	合成子
tetrabromocyclohexadienone	四溴环己烯二酮
tetrabutylammonium cynide	氰化四丁基铵
tetrabutylphosphnium iodide	碘化四丁基鏻
tatracyanoethylene	四氰乙烯
tetraethyl pyrophosphate	焦磷酸四乙酯
tatraethylammoium bis (trihalo- acetoxy) iodate	双(三卤乙酰氧基)碘酸四乙基胺
tatrafluorboric acid	四氟硼酸
tetrahydrofolic acid	四氢叶酸
tetrakis (triphenylphosphine)palladium	四(三苯膦)合钯
tetraline(tetralin,tetrahydronaphthalene)	四氢萘

tetramethyl-α-hologeno-enamine	四甲基-α-卤代烯胺
N,N,N',N'-tetramethyldiaminomethane	N,N,N',N'-四甲基甲二胺
thallium(1+)acetate	醋酸铊
thallium(1+)alcoholate	铊醇化物
thallium(3+)trifluoroacetate	三氟醋酸铊
thiazolium ylide	噻唑内鎓盐
thionyl halide	卤代亚砜
tin(2+) chloride(stannous chloride)	二氯化锡
tin(4+) chloride(stannic chloride)	四氯化锡
titanium(3+) chloride	三氯化钛
titanium (4+) chloride	四氯化钛
titanium (4+) isopropoxide	异丙醇钛
p-toluenesulfonic acid	对甲苯磺酸
p-toluenesulfonic ester	对甲苯磺酰酯
p-toluenesulfonyl chloride	对甲苯磺酰氯
p-toluenesulfonyl hydrazine	对甲苯磺酰肼
tri-n-butyltin hydride	氢化三正丁基锡
trialkyl(or aryl)phosphate	亚磷酸三烷基(或芳基)酯
trialkylammonium fluoride	氟化三烷基铵
trialkylborane	三烷基硼
trialkyloxonium fluoroborate(Meerwein is reagent)	氟硼酸三烷基镁(Meerwein 试剂)
tributylphosphine oxide	氧化三丁基膦
tricarbonylcobalt hydride	氢化三羰基合钴
trichloroacetaldehyde	三氯乙醛
trichloroacetic acid	三氯乙酸
trichloroacetonitrile	三氯乙腈
2,4,5-trichlorophenyl t-butylcarbonate	碳酸-2,4,5-三氯苯基·叔丁基酯
triethylamine	三乙胺
trifluoroacetic acid(or salt)	三氟乙酸(或盐)
trifluoroacetic anhydride	三氟乙酸酐
trifluoroacetic ester	三氟乙酸酯
trifluoroacetyl hypoiodite	三氟乙酰基次碘酸(酐)

trifluoromethanesulfonic acid	三氟甲磺酸
trifluoromethanesulfonic anhydride	三氟甲磺酸酐
trifluoromethanesulfonic ester	三氟甲磺酸酯
trifluoromethanesulfonic-acetic anhydride	三氟甲磺酸-醋酸混合酸酐
trifluoromethanesulfonyl chloride	三氟甲磺酰氯
2,4,6-trihalo-benzoyl chloride	2,4,6-三卤苯甲酰氯
2,4,6-triisopropylbenzenesulfonyl chloride	2,4,6-三异丙基苯磺酰氯
2,3,6-trimethyl-4,5-dinitrobenzoyl chloride	2,3,6-三甲基-4,5-二硝基苯甲酰氯
trimethylhalosilane(tms-Cl,tms-I,etc)	三甲基卤硅烷
trimethylsilyl cyanide	三甲硅基氰化物
trimethylsulfonium iodide-DMSO-sodium hydride	碘化三甲硫-二甲亚砜-氢化钠
2,4,6-trinitro-fluorobenzene	2,4,6-三硝基氟苯
triphenylmethane-sodium hydride	三苯甲烷-氢化钠
2-triphenylmethoxyacetate	2-三苯甲氧基乙酸酯
tris(triphenylphosphine) ruthenium	二氯·三(三苯膦)合钌
1,3,5-trithiane	1,3,5-三噻烷
N-benzyltrimethylammonium hydride	N-苄基三甲基氢氧化铵
trityl chloride	三苯甲基氯化物
trityllithium	三苯甲基锂
vanadium acetylacetonate	乙酰丙酮合钒
Vilsmeir-Haauc reagent	Vilsmeir-Haauc 试剂
Wilkinson's-catalyst,tris(triphenylphosphine) rhodium chloride	Wilkinson 催化剂,一氯·三(三苯膦)合铑
Wittig reagent	Wittig 试剂
Wittig-Horner reagent	Wittig-Horner 试剂
xenon(2+)fluoride	氟化氙
zinc	锌
zinc amalgam	锌汞齐
zinc (2+)cyanide	氰化锌
zinc (2+)halide (cf. metal halide)	卤化锌(金属卤化物)
zinc-copper (or silver)	锌-铜(或银)
zinc-sodium iodide-acetic acid	锌-碘化钠-醋酸
zinc-acetic acid	锌-醋酸

三、部分人名反应英汉对照表

Baeyer-Villiger oxidation	拜耳-维利格氧化反应
Beckmann rearrangement	贝克曼重排
Birch reduction	伯奇还原
Canizzaro reaction	康尼查罗反应
Cattermann reaction	盖特曼反应
Claisen condensation	克莱森缩合
Claisen-Schmidt condensation	克莱森-施密特缩合
Darzens Condensation	达参反应
Delepine reaction	德莱平反应
Dieckmann condensation	狄克曼反应
Diels-Alder reaction	狄尔斯-阿尔德双烯加成
Finkelstein reaction	芬克尔斯坦反应
Fischer indol synthesis	费歇尔吲哚合成法
Friedel-Crafts reaction	Friedel-Crafts 反应
Gabriael reaction	加布里尔反应
Hofmann rearrangenment	霍夫曼重排或降解
Leuckart reaction	洛伊卡特反应
Mannich reaction	曼尼希反应
Meerwein-Ponndorf-Verley reaction	麦尔外因-彭杜尔夫-威尔来还原
Michael reaction	迈克尔加成
Oppenauer oxidation	欧芬脑尔氧化
Perkin reaction	柏琴反应
Reformatsky reaction	雷福尔马茨基反应
Sandmeyer reaction	桑德迈尔反应
Schiemann reaction	希曼反应
Sommelet-Hauserr rearrangement	萨默莱特-豪斯重排
Stevens rearrangement	史蒂文斯重排
Tollens condensation	多伦斯缩合
Vilsmeir reaction	维尔斯迈尔反应
Williamson synthesis	威廉森反应
Wittig rearrangement	维蒂希反应
Wolff-Kishner-Huang reaction	乌尔夫-凯西纳-黄鸣龙还原反应

参考文献

[1] 孙昌俊，曹晓冉，王秀菊. 药物合成反应——理论与实践. 北京：化学工业出版社，2007.

[2] 曾昭琼，曾和平. 有机化学实验. 第 3 版. 北京：高等教育出版社，2000.

[3] 卢艳花. 中药有效成分提取分离实例. 北京：化学工业出版社，2007.

[4] 闻韧. 药物合成反应. 第 3 版. 北京：化学工业出版社，2010.

[5] 高鸿宾. 实用有机化学词典. 北京：高等教育出版社，1997.